您的家——巧装巧饰设计丛书

色彩设计的 100 个亮点
100 bright ideas for COLOUR

[英] 休·罗斯 著

侯兆铭 译

中国建筑工业出版社

著作权合同登记图字：01-2005-2144号

图书在版编目（CIP）数据

色彩设计的100个亮点／（英）罗斯著；侯兆铭译．—北京：中国建筑工业出版社，2005
（您的家——巧装巧饰设计丛书）
ISBN 7-112-07331-6

Ⅰ.色... Ⅱ.①罗...②侯... Ⅲ.住宅－建筑色彩－室内设计 Ⅳ.TU241

中国版本图书馆 CIP 数据核字（2005）第 032981 号

First published in 2003 under the title 100 bright ideas for COLOUR by Hamlyn, an imprint of Octopus Publishing Group Ltd. 2-4 Heron Quays, Docklands, London E14 4JP
© 2002 Octopus Publishing Group Ltd.
The author has asserted her moral rights
All rights reserved
100 bright ideas for COLOUR/Sue Rose

本书由英国 Hamlyn 出版社授权我社翻译、出版

责任编辑：戚琳琳
责任设计：郑秋菊
责任校对：关　健　王雪竹

您的家——巧装巧饰设计丛书
色彩设计的 100 个亮点
100 bright ideas for COLOUR
［英］休·罗斯　著
　　　　侯兆铭　译

＊

中国建筑工业出版社出版、发行（北京西郊百万庄）
新 华 书 店 经 销
深圳市彩美印刷有限公司印刷

＊

开本：880×1230毫米　1/16　印张：8　字数：200千字
2006年4月第一版　2006年4月第一次印刷
定价：48.00元
ISBN 7-112-07331-6
　　　　　（13285）

版权所有　翻印必究
如有印装质量问题，可寄本社退换
（邮政编码 100037）
本社网址：http://www.china-abp.com.cn
网上书店：http://www.china-building.com.cn

目　录

4	简　介
8	起 居 室
34	厨　房
58	门　厅
80	浴　室
100	卧　室
126	索　引

简 介

没有任何其他因素能够像色彩这样,可以使您的家看上去具有如此大的冲击力。色彩可以使房间感觉大一些或小一些,可以使房间变得明亮、舒适、清爽和诱人。色彩决不仅仅指你决定了颜色的深浅后就直接刷在墙面上,就像要选择装备一样,正是一些附件和细节使房间的外观与众不同。这就是本书为何汇集百余种方法、技巧和工程实例,将色彩带入你的家庭的目的所在。

什么是色彩?

任何事物都有颜色,所以尽管我们倾向于考虑蓝色、红色或黄色作为粉刷墙壁时的一种选择,但白色在色盘中仍然与它们同等重要。记住,同样地,金属也有颜色,木材也有颜色,所以你对地板颜色的选择和那些灰绿色墙体的颜色同样重要。

如何选择色彩?

一间漂亮的房间,其色彩应富有层次感。墙面和地板的表面积最大,所以在你的色彩计划中,应该为它们选择颜色作为房间的基础色。家具和门窗部件是房间色彩的下一个层次,通常它们作为基础色的补充,往往选用相对强烈一些的颜色,使得它们能够成为整个房间的视觉焦点凸显出来。最后,是附件——如靠垫、毯子、花瓶和一些绘画作品等——加入一些对比色,可以给整个房间带来生机。

色盘

假如你在色盘上观察颜色,会很容易弄明白它们是如何在一起工作的。所有五彩缤纷的颜色,在色盘上按光谱的顺序环形排列,看一眼你就会明白哪些颜色在一起会搭配很好(位置相对的颜色);哪些颜色会较难融合(每种颜色中色调深浅靠边的);哪些颜色如果运用不小心会发生冲突。

如何将颜色混合使用?

为房间选择美观舒适的颜色有一条普遍的原则,就是选择补色。这意味着它们会很好地混合并且具有相似的亮度。如果追求一个更为梦幻的生动的效果,选择对比色,或者甚至是相互有冲突的颜色。作为一个首要原则,房间的主要色彩不要超过四和。

亮点

本书中的每一章都分为以下四个部分。

☀ 一 日 之 举

要求一些基本的DIY（亲自动手制作）技术，项目可以在一日内完成。

⏱ 快 速 制 作

即兴创意，易于操作，用时不会超过一个上午。

💡 妙 点 子 长 廊

汇集了众多灵感，只需合理的采购和最后的布置就能马上焕然一新。

✓ 效 果 欣 赏

整体的装饰设计能使你进行再创作，并适合你的个人风格。附有获得理想效果的一些关键技巧。

1 休闲风格：这里，黄色和白色是主色调。虽然看起来黄色占主导地位，但实际上房间里有更多的白色，看起来很清新。织物上的少许绿色完美地补充了黄色。并且一些粉色、淡红和淡紫色的强调作用打破了房间过于柔和乏味的感觉。结果就是一个色彩感平衡的房间，看上去十分舒适。

2 传统风格：与以黄白二色为主的休闲风格相对照，这里极具风格化。只运用了白色、绿色和银色，整个房间看起来十分规整严格。

3 梦幻风格：如果在深浅上选择明度类似的对比色，如橙色和粉色，这样组合起来十分和谐。木材和柳条制品的颜色融入了背景中。

下面的三幅图片展示出如何在同一房间内，只简单地通过改变最后一笔的颜色来获得完全不同的效果。在每幅图中，墙面都是同样的蓝色，沙发都是同样的乳白色，木制家具和地板也都是同样的。有所区别的是窗饰品、垫子和附件。

1 坚持选择同种颜色的不同深浅来装饰房间，可以获得复杂但漂亮的效果。运用蓝色系，从最浅的蓝色到最深的靛青色，都会有不错的效果。

2 选择明亮大胆的颜色并且混合使用，可以为房间带来生命力。这里运用的强烈且较深的粉色、淡黄绿色和蓝色，使它们成为房间的焦点。

3 在色盘上，蓝色和黄色是相对的，这就意味着它们会很好地融合在一起，尤其是当你选择较浅的色调时。

提示与技巧

下面是本书涉及的项目中用到的一些材料和DIY技巧的快速参考导引。

MDF 板

MDF 板（中密度纤维板）是木质纤维经过挤压后制成的致密板材。通常切割MDF板时应戴上防尘面具，因为长时间吸入粉尘对人体有害。

底漆

MDF 板在刷涂料之前一般要先上底漆。这一步类似于给木材上内涂层，可以防止在上涂料时太多涂料被吸入MDF板内部。先给木料上底漆再喷涂料，通常会产生很好的效果，但是当你只为一小块木料上涂料时也可以不必那样做。如果你要给未经处理的松板刷涂料，那么首先要用节疤涂饰法封上木材上所有的节疤，防止树脂透过涂料层流出来，确保涂料平整地粘在木材上。

涂料

乳胶涂料是水基的，使用方便，且易干，漆刷也便于清洗。它特别适合漆墙面。油基涂料更坚硬，也防潮，但它的使用需要较高的技巧，风干后要么光泽鲜艳，要么需要进行抛光处理。

清漆

为了保护装修面，比如有吸收能力的表面或者水质乳胶漆表面，可用清漆来提供一层"耐穿的外衣"。经常使用的清漆不止一种，理想的清漆是清澈无光的，有时对木料需要特殊的清漆。

丙烯酸清漆通常是无光的，而聚氨酯清漆则能创造出坚硬闪光的效果。

工具

打孔机是一件必不可少的DIY工具。大多数打孔机都有一套尺寸和用途不同的钻头。要根据你将要使用的螺钉的大小来调换钻头。当你在墙上钻孔时，要使用钻石钻头，它可以穿透坚硬的墙面。把墙塞插入钻好的孔中，然后把螺钉拧入墙塞。在木料上钻孔时，钻的孔要比螺钉稍小一点儿，这样螺钉在进入木料时才能紧紧咬住木料。在木料上用螺钉时，是不需要用墙塞的。

镶板锯是锯木料或MDF板的理想工具。为了把更小的板材锯成某种形状，最好有一把手锯。带灯的工作凳可以使你的工作变得更方便。

本书使用的一些符号注释

扫一眼图标就可看出项目将要耗费的时间和它的难易程度。

 技能水平 告诉你项目的难易程度

 1 天

你需要准备
- 卷尺
- 手锯
- 1cm 厚的松木板条

 时间沙漏 告诉你项目将需要多长时间

 简单

 中等难度

 难度较大

起居室

起居室是整个家庭中最开放、最公众的房间，朋友、家人或客人都要使用。而且你绝大多数的空闲时间都要在这里度过，因此起居室需要**受人欢迎、舒适**并且真**正具有个性风格**。在这里，优秀的色彩技巧是：选择色彩深浅舒适的颜色用于最大区域——地面和墙面；稍微强烈的色彩用于窗户、地毯、靠垫和一些附属物；然后，假如你想给你的起居室**更新**一下，改变一些物品（如窗帘、靠垫）的颜色就可以了，这十分容易做到。

一日之举

方格图案墙面

给一面平整的墙刷上两种不同的颜色,获得双色调的效果,并用光泽清漆来加亮。用对比色,或同一颜色的不同深浅,或者只用一种颜色刷一半的方格,另一半留白。

4 小时
每面墙
外加干燥时间

你需要准备
- 两种颜色的油漆
- 普通刷子
- 卷尺
- 水平仪和铅笔
- 丙烯酸光泽清漆

1 将整个墙面刷成一种颜色,晾干。从壁脚板到顶棚丈量整个墙面的尺寸,以寻求到最佳的分格尺寸,避免碰上门、窗、壁炉或最后用不完整的形状结束。然后,用水平仪和铅笔在墙面上画出方格标记线。

2 用第二种颜色粉刷选好的一半方格,获得整个墙面像棋盘一样的方格图案效果。首先用小一点的油漆刷来构边和交角处,然后用大刷子将油漆刷在

大面积区域里。为了获得坚挺的方格边缘线,尝试用小的弹性皮筋捆住刷子中短而坚硬的刷毛,以避免刷毛偏离损坏边线。

3 当第二种颜色晾干之后,用丙烯酸光泽清漆覆盖其中一种颜色的方格获得有光泽的效果,再用另一种尺寸的刷子再刷一遍。

翻新靠墙的桌子

先刷一遍底漆,这种美丽的、仿古的外观适用于任何木质或三聚氰胺家具。

1 确保桌子是洁净且干燥的。先用白色油漆粉刷整个桌子,保证刷子的笔道是沿一个方向的,晾干。

 2 小时
外加干燥时间

你需要准备
- 正方形靠墙的桌子,如需要先刷底漆
- 白色油漆,加上另一种颜色的油漆
- 普通刷子
- 遮护胶带
- 卷尺
- 易干燥亮清漆

2 沿距离桌边2cm位置处粘上遮护胶带,粘一圈。将桌子表面刷上第二种颜色的油漆,刷的时候刷头蘸很少量的油漆,这样可以刷薄薄的一层并还能隐隐约约地看到白色的底子。同样,刷子的笔道保持一个方向。

3 彻底晾干,然后小心地揭掉遮护胶带,露出一圈白色的线。最后刷一遍清漆以保护桌子。

一日之举

暗紫色山莓彩色涂料

用这种十分容易的彩色涂料粉刷技巧,给平整的墙面刷上纹理和厚度。首先在一块卡片上练习一下,直到你感觉在墙上也能运用自如。

2 小时
每面墙
外加干燥时间

你需要准备
- 乙烯基无光泽白色或米色油漆,加上另一种颜色(如暗紫山莓色油漆)
- 普通刷子
- 壁纸糊
- 软麻布擦布

1 在墙面刷上白色或米色油漆,并晾干。将等量的壁纸糊与另一种颜色的油漆混合,准备你的彩色涂料,并充分搅拌。用一把大号刷子浸入彩色涂料混合物中,小心涂料不要没过刷子头。用力在墙上任意地刷。

2 刷好不超过1m宽度的一个区域后,拿一块擦布,迅速地、轻轻地擦拭刷过的区域,以便让刷子的笔触很好地混合。如果你喜欢一道道的效果也可以保留笔触,只用擦布擦拭那些你认为较为刺目的笔道,形成更柔和、更整体的效果。

3 重复上述步骤,迅速不间断地完成整个房间的墙面。确保每开始一块新区域时,已经将刷痕擦拭混合过。

织物方块

运用这种精彩的、通用的泡沫塑料方块可以做成靠墙的桌子,尤其是咖啡桌。泡沫塑料可以很方便地购买到,并切割成当地通用的尺寸。

 3 小时

你需要准备
- 剪刀
- 织物
- 卷尺
- 裁缝用大头针或钉
- 缝纫机和针线
- 50cm 泡沫塑料块
- 熨斗

1 裁剪出 5 块正方形的织物,每块尺寸为 54cm × 54cm,并将它们呈十字交叉形平铺在地板上,正面朝下。将 4 块外边的织物与中间那块相邻的边用别针别住,并留出 2cm 的缝合线位置。

2 沿缝合线的位置将 4 块织物与中间那块织物缝合,再用别针将 4 块彼此别在一起,形成一个有 5 个面的立方体,同样留出 2cm 缝合线位置,并缝合。最后,距边缘 2cm 处沿底部四周褶边。

3 将接缝处压平,将织物正面翻出,套在泡沫塑料立方块上。

一日之举

拖曳效果

一种十分简单的粉刷工艺就是用拖曳产生一种微妙的、有织纹的效果，这是一种简单易行，并且能给平整的墙面带来趣味与生机的方法。最重要的是迅速完成，并在同一时间内完成每面墙体。

 2 小时
每面墙
外加干燥时间

你需要准备
- 乙烯基无光泽白色油漆，加上另一种颜色油漆
- 普通刷子
- 丙烯酸釉料
- 短柄滚筒
- 拖曳刷子

1 首先给墙面刷好白色乳胶漆，做好准备。通过混合1份的彩色油漆、1份的丙烯酸釉料和3份的水，制成彩色釉料。

2 用短柄滚筒将彩色釉料刷在墙上约1m的区域内，从墙裙线到顶棚处。用拖曳刷子迅速地在刚刚刷过的湿油漆上拖过，从顶棚处到墙裙线，拖曳过程中要保持动作轻柔，留下拖曳的效果。

3 重复上述过程，直到全部墙面完成。注意迅速且不间断，以保证效果。

手绘软垫

如果你无法找到令你满意的织物,可以尝试自己绘制图案。这比你想像中的还要简单,意味着你可以获得所需要的准确的色彩、主题和图案。

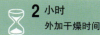

2 小时
外加干燥时间

你需要准备
- 剪刀
- 长条平整织物
- 方形小垫
- 卷尺
- 织物漆
- 工艺刷
- 大块醋酸纤维制品
- 裁缝用别针
- 缝纫机、针和线
- 胶带
- 熨斗

1 裁剪出两块正方形织物,尺寸与小垫尺寸相适合,留出2cm需要褶边的尺寸。将织物平整地铺在一个平面上,正面朝上。

2 用织物漆在醋酸纤维制品上画出树叶的形状,再用刷子木柄的尾部刮出叶脉。将刷子木柄尾部画上油漆,在叶干上画完叶子。重复画出叶子的图案。

3 压住纤维制品,画好图案的面朝下,将图案印在已经裁剪好的织物上,将纤维制品拿走,就可以看出你的设计已经印在织物上了。

4 图案干燥后,将织物块用别针别在一起,正面相对。将三面用线缝合,在2cm处褶边。把小垫压在织物上,织物正面翻出,并将靠垫塞入,最后将开口封上。

⏱ 快速制作

秋叶灯罩

- 在你开始制作前,设计好叶子在灯罩上的位置。将叶子放好,用一薄层工艺胶把它们固定在各自的位置上。用软布小心地把叶子抹平整。

⏳ 20 分钟

你需要准备
- 干燥的叶子(可用的)
- 普通灯罩
- 工艺胶
- 软布

主题毡毯

- 用卡纸制作一个树叶形状的模板,然后用模板块形状比在不同颜色的毡制品上,剪出颜色各异的树叶来。用别针将各种颜色的叶子别在毡毯上,以获得一个比较理想的位置和图案,最后将叶子缝在毯子上就完成了。

⏳ 45 分钟

你需要准备
- 铅笔和卡纸
- 剪刀
- 3 种不同颜色的毡制品
- 毯子
- 裁缝用别针
- 针、线

棋盘格木质地板

- 用砂纸将地板块边缘磨平整，并确保清洁无尘污。用一块海绵蘸些许有颜色的木材纹理液体，将地板块上印上木质纹理，干燥。

0.5 天
外加干燥时间

你需要准备
- 砂纸
- 两块海绵
- 快速干燥的地板纹理颜料，用两种对比色
- 铅笔和三角板
- 钢尺和裁纸刀
- 遮护胶带
- 快干地板清漆
- 大号普通刷子

- 用铅笔、三角板和钢尺，在地板上标出正方形，每个正方形边长等于3块地板块的宽度和。用裁纸刀沿正方形标识线刻上刻痕，以避免木纹液体渗透到其他正方形里。用遮护胶带将选好的一半正方形地板蒙上，将胶带紧紧粘牢。

- 用海绵蘸深颜色的颜料，将未蒙上的一半地板染上纹理，完全干燥后，揭下遮护胶带，并给地板刷几遍快干地板清漆，风干至少24小时。

帆布织物

- 剪切织物，让它们比艺术帆布每边至少多出5cm。将织物正面朝下地平铺在坚硬平整的表面上，再把帆布也正面朝下放在织物中心处。

20 分钟
每块帆布

你需要准备
- 剪刀
- 剩余织物
- 卷尺
- 艺术帆布
- 射钉枪和钉子

- 将长方形织物的长边折叠过来，包在艺术帆布的边缘处，用射钉枪将其固定在内部框架的边缘处。重复完成另一边，用射钉枪固定之前，确保织物拉得很紧，但没有过度拉伸。用同样的方法将织物上下两边也折叠过来，交角处整齐地折好。在最后缝合前，仔细检查一下，确保织物没有过度拉伸或扭曲。

起居室

粉红系列

快速制作

羽毛主题花瓶

- 剪下彩色影印的羽毛图案——你会发现刀比剪刀更好用。用PVA胶将羽毛粘到花瓶上。密封,并刷两层起保护作用的丙烯酸清漆。使用之前,让漆完全干燥。

1 小时
外加干燥时间

你需要准备
- 彩色影印羽毛图案
- 裁纸刀
- 普通陶瓷花瓶
- PVA 胶
- 丙烯酸清漆和小号刷子

饰有图片的咖啡桌

- 将照片或明信片摆放在桌面合适的位置上,直到你满意。照片背面涂上少量胶用以固定,将事先切割好的玻璃压在桌面上。

 30 分钟

你需要准备
- 照片或明信片
- 桌子(桌面凹入)
- PVA 胶
- 钢化抗压玻璃,切成桌面大小尺寸

定制工作台

- 轻轻地将桌子、抽屉和小柜子用砂纸磨光,并让它们保持洁净干燥。给柜子和抽屉的正面刷上蛋清漆,并晾干。不要刷小柜的底部,将小柜用强力木材胶粘到桌面上,靠角落排列整齐,并将胶晾干。

 2 小时 外加干燥时间

你需要准备
- 桌案
- 木质迷你抽屉和小柜
- 砂纸
- 蛋壳画
- 家用油漆
- 强力木材胶

- 用蛋清漆将桌子和小柜子全部刷一遍,再给桌子以第二层"外套"(刷第二遍),晾干。找到一些简单的木质文件夹和杂志夹,你可以将它们刷油,并用胶粘到一起储藏物品用。

正方图案薄纱窗帘

- 在卡纸上画出并剪切出两个正方形,其中一个比另一个每边小2cm。将较大的正方形放在一种狭长的由质地坚韧的织物做成的带状物上,剪出你想在窗帘上应用的数量的正方形。将小一点的方形卡纸放在每块织物正方形的中心处,并用铅笔轻描出轮廓。

2 小时

你需要准备
- 尺、铅笔和卡纸
- 锋利剪刀和裁纸刀
- 一种狭长的由质地坚韧的织物做成的带状物
- 裁缝用铅笔
- 普通窗帘
- 0.5m 薄纱

- 将窗帘平铺在一个较平的表面上,背面朝上,将织物正方形放在窗帘上。将它们熨平,然后仔细地沿标出的铅笔线位置裁剪窗帘。再次用大一些的卡纸模版,裁剪薄纱。剥去窗帘上的织物正方形,将薄纱粘上并熨平。

快速制作

蓝色情调

纽扣装饰相框

- 找出照片,并拿出相框的衬纸板,将它平放在桌面上,用你选出的纽扣排列在照片的四周,并放在衬纸板上,调整纽扣的位置,直到你对它们相互的间距和纽扣的颜色满意为止。从一个纽扣开始工作,拿起一个纽扣,用小刷子在他的底部刷上胶,将它压在衬纸板上,把相框装好之前,让胶水完全干燥。

10 分钟

你需要准备
- 宽边相框
- 小平纽扣(尺寸相近)
- PVA 胶
- 刷子

现代艺术品

- 用白色乳胶漆将艺术帆布全部刷一遍。干燥后,用铅笔和水平仪在帆布上标出垂直的条纹和宽带,宽度1—4cm不等。

2 小时 外加干燥时间

你需要准备
- 艺术帆布
- 白色乳胶漆,加上其他不同颜色的油漆
- 各种刷子(包括优质刷子)
- 铅笔和水平仪
- 丙烯酸清漆

- 首先用浅颜色刷那些条纹,在刷深颜色之前,将浅色晾干。最后用优质刷子和水平仪蘸上深颜色在艺术帆布上画比较细的线,用以强调色带。刷一遍清漆,就完成了。

穗饰窗帘

- 将窗帘平放在桌上，把装饰穗沿窗帘底部摆好，每边交叠约1cm。将多余的地方折好，以避免磨损。最后把装饰物缝在窗帘边缘上就大功告成了。

 1 小时

你需要准备
- 窗帘
- 剪好的穗边，比窗帘宽约2cm
- 卷尺
- 裁缝别针
- 针线

制作护墙板横杆

- 量出墙的宽度，并用斜锯架剪切出合适长度的护墙板横杆。量出你希望的护墙板横杆的高度（通常在墙面1/3位置处），并用铅笔作出标记。将所有墙面都量好位置并标出高度。

 45 分钟

你需要准备
- 卷尺
- 护墙板横杆
- 手锯和斜锯架
- 铅笔和水平仪
- 锤子、不锈钢钉和液体胶

- 将护墙板横杆放在固定位置处，并用水平仪检验是否水平。用不锈钢钉或液体胶将横杆固定在墙上，每隔50cm就用不锈钢钉或胶固定。给横杆和它下面的墙刷上一种对比色，让你的居室增添乐趣。

起居室

快速制作

细节就是一切

手绘花窗帘

- 在卡纸上画一个简单的花朵图案,剪下它作为模具。将模具花放在窗帘布上,用织物笔将它的形状描画下来。用小刷子小心地蘸好液体织物染料,刷在花的形状里。重复上述工作,直到你对整个窗帘上花的图案满意为止。

2 小时
外加干燥时间

你需要准备
- 铅笔和卡纸
- 剪刀和裁纸刀
- 普通纱质窗帘
- 织物笔
- 艺术刷子
- 液体织物染料

装饰靠垫

- 拿出靠垫的填充物。剪裁一块正方形粗斜纹棉布,用力磨损边缘处产生毛边。用刺绣用的线将主题贴花图案缝在棉布上。刺绣线的线结点缀在铁花图案中间。最后将装饰棉布缝在靠垫上。

30 分钟

你需要准备
- 普通靠垫(可抽取表皮)
- 针线
- 剪刀
- 裁缝别针
- 粗斜纹棉布
- 主题贴花图案(从缝纫用品商店购买)
- 刺绣品

绒球装饰灯罩

• 量一量灯罩底部边缘的长度，剪切同样长度绒球装饰带。在灯罩底部边缘的内侧涂上胶水，并将绒球装饰物位置摆好。将绒球装饰物固定在位置上，并压住一段时间。然后继续，每次一部分一部分粘好。当整个边缘都粘好绒球后，剪掉多余的部分，并将接口处连接整齐。

 20 分钟

你需要准备
- 卷尺
- 普通灯罩
- 剪刀
- 绒球装饰物
- 万能胶或热胶棒

成串彩灯

• 根据工厂指南用耐火喷雾剂处理成片的彩色纸张。在彩纸上用圆规、铅笔画出直径15cm的圆。每个圆要为两盏小灯提供小灯罩。

2 小时

你需要准备
- 不同颜色的半透明厚彩纸
- 耐火喷雾剂
- 圆规、尺和铅笔
- 剪刀
- 一串彩色小灯
- 双面胶带

• 剪切这些圆，并折成一半，从每个中间剪去1cm直径的小圆。裁6.5cm长的胶带粘住每个半圆的直边。将半圆形的彩纸卷起来，包裹住彩色小灯泡，并将直边上的胶带粘在一起，做成小灯罩，确保小灯泡不会碰到纸壁。

妙点子长廊

甜蜜的杏仁色

为了获得更柔和的效果，装饰美化你的房间，可以选用一些甜蜜的杏仁色（浅黄褐色）。选择柔和的彩色涂料和壁纸、窗帘或其他附属物。

▲ 运用具有高度装饰性的壁纸条作为嵌板（镶板）是很有效的，但不要过多地用满整个房间。

▲ 柔和的彩色涂料混合在一起很漂亮——尝试淡紫色、粉红色、水绿色或淡蓝色组成一组。

▲ 将一个并不昂贵的靠垫用一些独特的装饰物来美化。尝试一些天鹅绒缎带、蕾丝或者条状织物缎子作为靠垫边上的装饰物。

▲ 将壁纸的纸边和织物的边料艺术地置于相框之中做成装饰画，并在墙上悬挂成一排。

▲ 将一块普通的垫子与房间里经裁剪的窗帘或窗帘的剩余物捆在一起。

▲ 你不需要安装护墙板横杆——只需要用装饰壁纸的边缘贴在墙上进行视觉上的划分。

▲ 将空瓶子刷上柔和的彩色涂料，并将它们当作花瓶可以在窗台或壁炉架上摆成一排。

妙点子长廊

丰富温暖的格调

深橙黄色与棕褐色互补得很好,并且在色彩设计中增添了温暖和丰富的感觉。橙色系列尽管深浅不同,但创造出十分特殊的色彩效果。

▲ 中性色彩的沙发,通过一系列丝质靠垫可以改变观感。

▲ 将彩色玻璃锦砖片粘在普通相框的边框上,使它们成为你装饰计划的一部分。在每个角上用一块对比色的锦砖片。

▲ 通过将窗沿上的黑白照片成组排放,可以改变传统的排成直线的方式。

▲ 新鲜的花朵可以改变你的房间。选一些鲜艳的花来配合你装饰计划。

▲ 将一排简单的蜡烛变成视觉焦点的方法是，将全是白颜色的蜡烛换成各种颜色的蜡烛。

▲ 将靠垫变得活泼的方法是：把一根缎质绳卷成一个图案，并缝在靠垫面上。

▲ 调整你储存的杂志、CD架和小摆设、小装饰品的颜色，可以让你的房间亮起来。

起 居 室

✓ 效果欣赏

▲ 一个一流的外观不需要繁琐的细节——只需要将一些小附属件用自然材料如木材，再加上一些银质金属的风格。

▲ 相框可以围绕在壁炉周围，木质相框能够作为木地板的呼应。

▲ 靠垫用各种混合图案可以使沙发富于魅力，并且给房间一种不拘一格的感觉。

典型现代风格

运用绿色和黄色创造出一间永恒的房间，混合一些乳白色增添清新的感觉。

嫩绿和明黄在起居室中与梦幻般的壁炉和传统的高窗一起创造出一种和谐。为了配上沙发的暗绿色，你可以给墙壁刷上绿色，但色彩深浅上要浅一些、新鲜一些，让房间更加明快，充满生机，并且黄色的窗帘确实为整个房间的生命力注入了大胆的灵感。接下来，所需要的是在靠垫或鲜花的颜色上用一两处黄色来点缀。

配套的家具看上去会稍微正式一些，最好能多一些不经意的感觉。尝试着用一把带有不同织物装饰的扶手椅与沙发配合。细微精致的图案可用于靠垫、沙发、毯子上，给房间一种注重细节的格调，同时也是典型的现代风格的需要。最后，为木制品如家具、壁炉、一些附属物选择白色，以保持整个清新的感觉。

还可以有哪些改进？

- 暗色的、有纹理的地毯
- 装饰挂毯
- 绳绒织物或灯芯绒室内装饰织物

效果欣赏

洁净清新

运用红色、白色和蓝色创造出时髦且舒适的家庭起居室。

这是十分简单但很有效的色彩搭配。首先从一间完全中性的基本房间作为开始，房间用自然的地毯和乳白色的墙面（纯白色的墙面有点刺眼并且像医院，所以尝试用白色但加入很少的蘑菇色的痕迹），开始选择带有颜色的家具。使用蓝色作为主要色调，然后分散用红色使房间变暖，比如灯罩、靠垫、蜡烛和脚凳。

基本色调红色和蓝色的运用看上去有些像托儿所，所以选择强烈的但有些褪色感觉的蓝色和大红获得更为复杂的效果。最后用带有美国乡村主题的小物件给你的房间一些个性化处理——如大胆剪裁的垫子和配套的毯子、一件 Shaker 风格的民间艺术作品和有条纹或方格纹的心型靠垫。

还可以有哪些改进？

- 金黄色木制家具
- 海草地毯
- 方格替代条纹

▲ 坚持用白色、红色、蓝色和暗色木制附属物，以保持不繁琐的格调。

▲ 皮革是家庭装修中一种好的选择，它使用时间长，即使有些磨损看上去也很美观。再加上软质的靠垫使它多了一份舒适感。

▲ 可以给靠垫增添一些细节，比如大胆的心形图案，并且加一排钮扣作为特别肌理。

效果欣赏

▲ 增加一组靠垫，使你的沙发个性化，用一系列暗色。

▲ 一个大胆的点是用对比色来完成的，这是一个极佳的色彩诀窍。这里，运用绿色茎状植物配合花瓶，具有动人的效果。

▲ 安排一些鲜花作为设计的一部分。把粉红色的花放在大玻璃杯中，再把整个大玻璃杯放入更大的方形花瓶中，中间的空隙用蓝莓填充。

生动的浆果风格

将可食用洋李子和悬钩子的颜色（深紫色和紫红色）相混合，形成一种和谐但复杂的风格。

这是一种具有迷惑性的、简单的装饰房间方法，因为你只需要两种基本颜色——奶油色和紫红色。诀窍在于使用不同深浅的紫红色——从最深的沙发用的颜色到最浅的淡紫色与粉红的混合色以及它们之间的颜色。

最深的紫红色看上去也许是一种冒险的颜色选择，但是它与藏青色一样，是最开始的选择，然后用大量悬钩子的红色来混合使它变亮。将它配合上奶油色的墙面，房间感觉明亮而有生气。与现代风格的沙发对比，选择米色乡村风格的家具以及扶手椅。通过使用多层窗帘，让窗户成为一个焦点。在窗户的两边，用大胆的印染织物作为窗帘边——因为它们并不是用来遮挡阳光的，所以用量很少，因此可以选择昂贵一点的织物。然后选出主要颜色比较厚重的普通窗帘，主要是为了遮挡阳光。

还可以有哪些改进？

- 蓝色软质家具，从藏青色到"勿忘我"颜色
- 银质附属品
- 微暗红色地毯

厨 房

将你的厨房从一个**有效**的"工作间"变得**温馨**、具有**创造力**、**友好**的关键是创造色彩。既然厨房的地板面积、墙壁面积和空间都比其他房间小,你可以在**运用色彩**方面**大胆**一些。在色彩单元上,用色**大胆**可以体现在**窗户与其他附属设施、工作台**,甚至是简单的锅碗瓢盆。

一日之举

西洋双陆棋盘风格墙壁

将有限的墙面空间设计成这种富有趣味性的相互交叉的图案,完成后的效果十分显著,并且使墙壁与工作台之间的空间产生一种幻觉。

 1 小时
每面墙
外加干燥时间

你需要准备

- 遮护胶带
- 旧报纸
- 两种颜色的乳胶漆
- 普通刷子
- 铅笔和水平仪

1 用旧报纸将操作台表面和较低处外露的墙面盖住。给墙壁刷上颜色较浅的一种油漆。晾干后轻轻地画一条水平线,并用水平仪测量好,在墙面上标出你想在哪里刷出三角形色块。画出三角形区域的边线并用胶带贴好。

2 将深色的油漆刷在贴好胶带的三角形区域内并晾干。

3 完全晾干后小心地将胶带剥下,就显出了完整的西洋双陆棋盘的效果。

自制木制工作台

如何将一张小松木桌子变成一个便利的工作台,可以通过增加一个架子、几个吊钩和横杆来实现。如果你喜欢,也可以给桌腿安装上小脚轮,可以让它变成可移动的工作台。

3 小时
外加干燥时间

你需要准备
- 卷尺
- 松木桌
- 防尘面具
- 手锯
- 18mm 厚的 MDF 板
- 铅笔
- 锤子和钉子
- 木材胶
- 普通刷子
- 木材漆
- 4 个吊钩
- 两根金属杆
- 活动挂钩

1 从一个桌腿的外边缘向右量出到另一个桌腿外边缘的距离,再从这个桌腿的外边缘向左量出到另一个桌腿外边缘的距离,这样你就知道所需架子的长度和宽度了。戴上防尘面具,按照长宽尺寸切割出一块 MDF 板。

2 将切好的 MDF 板平放在地面上,将桌子放在它上面,然后用铅笔画出桌腿的边缘线,小心地沿画出的线将 MDF 板的四角切掉。

3 在每个桌腿的内侧钉两个钉子用以固定架子。用一点木材胶刷在桌腿上,将 MDF 板摆放在桌腿钉好的钉子上。

4 用清漆刷整个桌子,包括自制的架子,然后让漆晾干。

5 在桌子的左右两边分别拧上 4 个吊钩。在前后两边,安装上金属杆,然后将活动钩挂上。

一日之举

乡村风格的食品储藏柜

通过增添几个架子和柳条筐,将一个小柜子改装成高效的厨房储藏柜。可以将柜门里面刷上黑板漆用作方便的备忘记录板。

1 用水平仪和卷尺量好位置,在旧衣柜里需要安装架子的位置画上标记线。如果旧衣柜很宽,或者柳条筐会很沉,在衣柜内部的后面加一些固定用的木板条。

2 为每个架子切出两条板条,其长度等于旧衣柜内部从前到后的距离。如果与钉在后边的固定板条有交接处,则剪出切口安插。轻涂少量木材胶将固定用的板条粘在第一道位置线上,用手按住几秒,然后再用螺钉将板条拧在旧衣柜上。重复上述步骤,将所有板条固定在各自位置上。

3 量出柜子的宽度和深度,算出所需架子的尺寸。戴上防尘面具,按尺寸裁切MDF板。给裁好的MDF板刷上底漆,再刷1–2遍乳胶漆。晾干燥后,将它们放入柜中的固定板条上。

4 将旧衣柜外面刷上与MDF板木架相同的乳胶漆,将柜门的背面刷上黑板漆,用作备忘记事板。在把柳条筐放上之前,让整个柜子的油漆彻底干燥。

> **1天**
> 外加干燥时间
>
> **你需要准备**
> - 旧衣柜
> - 水平仪
> - 卷尺和铅笔
> - 手锯
> - 木质板条
> - 木材胶
> - 螺钉旋具和螺钉
> - 防尘面具
> - 12mm厚的MDF板
> - MDF底漆
> - 普通刷子
> - 乙烯基无光泽乳胶漆
> - 黑板漆

Shaker 风格的厨房单元

给平整的柜门，增添刷好的MDF板做的边框和新的木柄，使其变成时尚的夏克尔风格的外观。

2 小时
每扇门
外加干燥时间

你需要准备
- 螺钉旋具
- 卷尺和铅笔
- 防尘面具
- 手锯
- 6mm 厚的 MDF 板
- 电钻
- 竖锯
- 砂纸
- 普通胶
- MDF 底漆
- 普通刷子
- 乙烯基无光泽乳胶漆
- 丙烯酸清漆
- 木质球形捏手

1 将门卸下，测量高度和宽度。戴上防尘面具，按门的尺寸切割 MDF 板。在切好的 MDF 板上，标出一圈 8.5cm 宽的边线。

2 首先在每块MDF板的一角钻一个洞，然后将MDF板的中间沿画好的标志线切割掉。用砂纸将MDF板裁边处磨平，然后用木材胶将MDF边框粘在原始的柜门上。粘好后放在一边晾干。

3 将整个门刷一遍底漆，干燥后，再给每扇门刷 2—3 遍乳胶漆，将其完全晾干。干燥后，刷几遍清漆。

4 将球形捏手磨平，刷上与柜门相匹配的颜色，然后刷清漆。将捏手安装并粘在门上，再将门安装在整个厨具单元上。

一日之举

粉刷色带

使用三至四种不同深浅的同一种颜色,来粉刷整个房间,从深到浅分成宽的色带,可以使墙面具有特殊的趣味,并且使厨房看上去大一些。

2 小时
每面墙
外加干燥时间

你需要准备
- 乙烯基无光泽乳胶漆
- 普通刷子
- 铅笔和水平仪
- 卷尺
- 遮护胶带

1 开始时,先将所有墙面刷上最浅的颜色。晾干后,计划好在什么位置划分色带,想好起始处和结束处,然后用铅笔和水平仪在墙面上轻轻勾出边线。首先从一个墙角开始,先量出从地面到标志点的距离,并检查色带划分得是否水平。

2 在两种颜色相交的位置,遮住一种色带,以避免另一种颜色渗入。在最下面的色带上刷上最深的颜色,然后向上刷上较浅的颜色,揭下遮护胶带之前,晾干。

然后继续向上粉刷另一块色带。

翻新餐椅

将厨房中不配套的普通椅子刷上明亮的颜色,使之成为一套漂亮的座椅。精心的准备和操作是获得好结果的关键。

1 将需要更新粉刷的椅子准备好。裸露的木椅首先需要刷上木节溶液,然后刷上底漆。刷过的木椅需要完全彻底磨光并且用糖皂清洗。刷过清漆的椅子需要用化学剥离器处理并打磨。

 2 小时
每把椅子
外加干燥时间

你需要准备
- 旧的木椅
- 木节溶液和底漆
- 砂纸
- 糖皂
- 化学清漆剥离器
- 3种不同颜色的乳胶漆
- 普通刷子
- 快速干燥的亮清漆

2 当椅子光滑、清洁的准备工作完成之后,用乳胶漆粉刷两边,晾干,然后刷几遍保护清漆。

厨房

快速制作

春天里的郁金香

郁金香转印窗帘

- 选择易于裁剪的图案,就像书中这里选用的郁金香图案一样,并且将图案按照你的需要彩色影印若干遍。

 1小时

你需要准备
- 彩色影印图片
- 优质剪刀
- 彩色转印胶
- 普通窗帘
- 湿海绵

- 将影印好的图案剪下来,在每张前面涂上彩色转印胶,将它们正面向下放在窗帘上,用湿海绵擦掉之前,使其晾干。

彩色圆点图案

- 粉刷整个墙面,护墙板横杆上面用较深的颜色,下面则用较浅的颜色。如果你的墙面上没有护墙板横杆,就在应设横杆的位置上画出一条水平线,然后用胶带遮住水平线,用上述方法粉刷墙面,可获得同样的效果。

 2小时
每面墙
外加干燥时间

你需要准备
- 铅笔和水平仪
- 两种颜色的乳胶漆颜料
- 普通刷子

- 用铅笔画出一排小圆圈的位置,在横杆下方约5cm处,间隔要均匀。用小号刷子将较深颜色均匀地填充在小圆圈里。

磨砂玻璃壶

- 首先将你选好的图样用醋酸盐压印到你自己的蜡纸模板上。用工艺刀小心地将图样割开,离开蜡纸模板。用喷雾胶粘剂将蜡纸模板裱到水壶上,然后上两遍磨砂喷雾剂保护层。在剥掉蜡纸模板之前,让其充分干燥。

 1 小时

你需要准备
- 铅笔
- 醋酸盐制品
- 工艺刀
- 普通玻璃壶
- 喷射胶粘剂
- 磨砂喷剂

厨房餐椅的坐垫

- 量出餐椅的宽度和深度,在纸上画一个模板,在四周加2cm的边。转角处轻微地作抹圆角处理,然后将模板剪下来。将模板放在餐椅面上,然后用铅笔画出与椅子腿交角处的轮廓,按形状剪好模板。

1.5 小时 每块坐垫外加干燥时间

你需要准备
- 卷尺
- 纸和笔
- 剪刀
- 长条织物
- 裁缝别针
- 缝纫机
- 织物滚边(随意的)
- 2cm厚海绵垫子
- 短条丝带
- 熨斗

- 将织物对折,正面朝外,并将剪好形状的模板放在织物上。按照模板的形状剪裁织物,这样得到两块与模板形状相同的织物,拿走模板,将两块织物正面相对放在一起,用别针别好,然后将三面缝合,同时将织物滚边也缝上,把靠椅背那面的开口留着,将接缝处压平。

- 仍然用模板的形状,剪裁海绵块,将海绵块剪出正确的坐垫形状,将海绵垫塞进织物外套,然后将开口缝合。在每个角上缝上丝带,确保丝带的长度足够缠在椅子腿上。

🕐 快速制作

彩色条纹

彩色器具杆

- 切割出合适长度的木杆,刷2-3遍漆,每刷下一遍之前要充分晾干。在墙上钉上钉子,用以支撑木杆。裁剪出较短的优质丝带,穿在各种器具的手柄上,将它们挂在钩上。

2 小时
外加干燥时间

你需要准备
- 具有一定长度的结实木杆
- 锯
- 蛋壳装饰画
- 普通刷子
- S形钩或肉铺用钩子
- 优质丝带
- 剪刀

手绘瓷器

- 用小号刷子和陶器颜料在盘子边、茶碟、杯子上画出甲板椅风格的彩色条纹。使用陶瓷颜料时要遵从说明书的指导——一些颜料需要先在烤炉上烘烤。

15 分钟
每片
外加干燥时间

你需要准备
- 普通白色瓷器
- 艺术刷子
- 陶瓷颜料

44　厨房

锡杯花瓶

- 将锡杯放在温肥皂水中浸泡,除去标签并保持清洁。晾干后,用光泽涂料将锡杯整个刷一遍,涂料晾干后,用对比色在锡杯上画出条纹图案。

 10 分钟
外加干燥时间

你需要准备
- 旧的锡杯
- 白色、蓝色、黄色的光泽涂料
- 普通刷子和艺术刷子

彩虹丝带屏风

- 将一条丝带置于门框上边缘处,以测量出所需丝带的长度。将丝带剪成所需尺寸的长度,然后以其作为模板,将其他不同颜色的丝带也剪成相同尺寸。在剪好的丝带一端剪成浅的V形,以避免磨损。同时将另一端用图钉钉在门框边缘。(作为选择,也可以将丝带固定在一根轻质木杆上,再将木杆固定在门口两端装好的丝杆吊钩上。)

 **20 分钟**
每片
外加干燥时间

你需要准备
- 5种不同颜色的丝带
- 剪刀
- 图钉

快 速 制 作

进入正方形世界

带图案的长条桌布

- 在蜡纸板卡片上画出你喜欢的图案,并用裁纸刀将图案裁好。最好创造两种图案,这样沿桌子的长边可以将两种图案间隔排列摆放。用喷雾胶粘剂喷在图案背面,并将它仔细地摆在桌子上。用蜡纸刷在卡片上轻柔地点画,不要再刷子上蘸过多的颜料——最好是反复点画两三遍,以增加颜色的深度。将卡片剥落,然后在桌子其他部分重复完成上述工作。

 1.5 小时
外加干燥时间

你需要准备
- 铅笔和蜡纸板卡片
- 裁纸刀
- 喷雾胶粘剂
- 蜡纸刷
- 木材颜料

薄纱窗饰品

- 从窗帘杆到窗台,测量一下窗的高度,然后剪裁2倍于这个高度的薄纱,并加上10cm的宽度。用褶边带状织物将薄纱边缘处理好,熨平。将薄纱挂在窗帘杆上放在普通窗帘前,挽起薄纱,打一个具有装饰性的松弛的结。

 30 分钟

你需要准备
- 卷尺
- 剪刀
- 一定长度的薄纱
- 褶边带状织物
- 熨斗

装饰画墙面

- 如果需要按照相框的尺寸彩色影印那些你选好的彩色图片。将选好的镜子和相框在地板上摆放,形成一个长方形,并调整位置,直到你对它们之间的间距以及摆放直到满意为止。量出这个摆放好的长方形的尺寸,并在墙面上用铅笔和水平仪画出这个长方形的外轮廓线。计算好画钩或者钉子应该钉在墙面的哪个位置,并用线标示出来。

 1 小时

你需要准备
- 从日历或明信片中选出7幅亮丽的彩色图片
- 7个相框
- 7个镜子
- 卷尺
- 铅笔和水平仪
- 锤子、钉子或画钩

软木砖信息板

- 将软木砖放在毡布上,然后沿四周裁剪,留2.5cm的边。用胶在软木砖的背面上遍涂。应将毡布较光滑的一面粘在软木砖上,把胶涂在毡布上,然后贴在软木砖的背面上。用画钩或螺钉将它固定在墙面上。

 20 分钟

你需要准备
- 软木砖
- 毡布
- 剪刀
- 强力胶粘胶

妙点子长廊

橙色与柠檬色

将一些明亮的颜色运用到你的厨房，比如橙色和柠檬色。餐具、陶器、瓦器、炖锅、餐椅和各种帘子都有加入颜色的可能性。

▲ 选用黄色的餐椅，一个橙色的20世纪50年代风格的收音机，装满明丽的大丁草花的花瓶，创造出一个怀旧的主题。

▲ 将从杂志和报纸中选出的你喜爱的食谱，粘在影集里，用一个记事本写下一些烹饪技巧或从朋友那得来的食谱。

▲ 当餐椅不用时，将它们折起来是一个理想的主意，这样避免占用过多空间。

▲ 将一些不配套的罐子换成一排体型怪怪的广口瓶，里面装上各种颜色的调味品。

▲ 选择餐具时，要选用颜色鲜艳的手柄以配合整个厨房的设计。

▲ 为家庭的所有成员制作个性化的人名卡。从一张彩纸上剪下每个人的名字，然后粘在另外一张其他颜色的彩纸上并压平。

▲ 一个简单的主题，像这里的红辣椒，贯穿整个空间，并加入了一点趣味元素。

☑ 效果欣赏

墨西哥色彩

把南美洲热烈的红色、黄色，同海洋绿混合在一起运用，可以创造出追忆往事的效果。

在选择墙壁的颜色时，为什么不考虑剥掉墙面的涂层，露出赤裸的砖块，产生一种精彩的具有纹理质感的赤色背景呢？使用海洋绿来粉刷那些手工制作的MDF橱柜单元，创造出完美的组合。然后你可以用明亮的、原始的红色与黄色为房间注入无限生机。选用五颜六色的锅碟和明黄色的餐椅，为了更好地遵循红色和黄色的主题，细节也要注意，比如扫帚、抹布和整个房间。

其他物品坚持使用简单的风格，比如选用不锈钢和铬合金制品。木质的操作台是一种自然的选择，与原始感的砖墙和吃饭区裸露的地板相适应。尽管裸露的松木地板看上去很好，但对于烹饪区就不太适合。所以，乙烯基油毯或橡胶地板可以用在这里，因为它们便于清洁，并且有各种各样颜色可供选择。

还可以有哪些改进？

- 山榉木餐椅
- 白色涂料墙壁
- 贵族蓝橱柜单元
- 水青色威尼斯窗帘

▲ 一根挂各种锅的横杆节省了空间，并且让你可以展示五颜六色的有彩饰的锅。

▲ 甚至水果和蔬菜都可以变成你厨房装饰的一部分。一大碗红辣椒或者是柠檬对于增加色彩感而言是个好选择。

▲ 一条有趣的、非正式的、多种颜色混合的餐台布为厨房增添了生机。

厨房 53

✅ 效果欣赏

灿烂而又简单：白色与银色

给一间小小的厨房带来明快和空间感。

重新考虑一下你对色彩的认识，你会发现在这间厨房里，木材、钢材和白色都是色彩计划的一部分，就像地板砖的草绿色一样。

运用白色厨具单元和防溅板，尽可能地让房间多反射进一些阳光，使房间显得大一些、明亮一些。选择白色时要谨慎一些：因为白色的种类可以说是无穷无尽的，而厨房的面貌则要依靠这些厨具单元、地板块以及所有这些纯净的白色来体现，保证所有的器具、器皿和锅都用不锈钢制品，这样能使房间显得更明亮。

选择一个不同的颜色——如榉木色——用于你的操作台。像书中这个例子一样，只选用一种颜色，看上去房间整体性很强。棋盘格样式的白色、鼠尾草色间隔的地板块带来一种意想不到的明亮效果，又避免了过于苍白的病房效果。

还可以有哪些改进？

- 灰色操作台
- 白色和蓝色搪瓷器
- 浅蓝色方格盘地板
- 顶棚射灯

▲ 运用典型的白色餐具和合金或白色厨房附件，以保持装饰计划纯净、简洁。

▲ 方格棋盘地板的设计为房间带来趣味与可爱的感觉，就如同加入了一抹亮丽的色彩。

▲ 选择餐具时要反映出白色和不锈钢的主题。

✓ 效果欣赏

▲ 缺乏墙面空间吗？给你的厨房配一个有独创性的高散热器，占用墙面较小的空间。

▲ 一个具有趣味性的、可供选择的壁柜单元，这个凹进去的架子十分简单，可以储存两倍的物品，也可以用作展示空间。

夏日时光

淡黄色与暖色木材混合在一起，创造出充满阳光、明亮耀眼的厨房。

你可以将橱柜用淡黄色油漆涂成永恒的夏克尔风格，这样可以使厨房感觉空间宽敞、温暖明亮，每次当你走过厨房的时候，都会感到精神振奋。加入一些现代编织品，将传统的木质把手换成那些整洁的钢把手。白色的墙面给厨房洁净、清新的感觉；浅绿色的压板操作台与灰色的面料地板很配套——所有这一切都十分可爱却又实用性很强。

加入令人愉悦的、五彩的色调使房间变得更受欢迎：窗户上是黄色和白色条纹的卷帘窗帘，窗台上摆放着一排五颜六色的小盆花朵和矮胖的手绘陶器。

厨房中地板占很大空间，尝试着用一个小桌子，配上活动的脚轮，这样可以将它自由地推动到任何你需要的位置，或者推到餐桌旁使吃饭的桌子变成原来两倍的大小，以应对一些临时的聚会。

还可以有哪些改进？

- 竹窗帘
- 陶制和木制附属用品
- 浅蓝色橱柜

门 厅

门厅很容易被忽略——通常被认为是没什么大用的黑暗的过道。这不仅仅是对来访者,对于您来说,门厅应该是进入你**家庭**的一个**引导**。当你走进家门,门厅应该让你产生一种**愉悦**的情绪。

门厅通常缺少自然光线,所以**温暖**、**明亮**的**颜色**比较适合用在这里。应该避免任何过于强烈的或阴暗的颜色,同样也应该避免使用白色或十分苍白的颜色,因为它们在灯光照射下会显得很黯淡。地板要选用**耐磨**的材料,**中性**的色调为佳。进门后抖落一身尘土,地板颜色不要太暗,那样会使地板空间看上去显得局促。

一日之举

厚木板条墙面

用这种传统的木板条墙面创造新的形象,使你的门厅充满个性特征。为节省时间,你在批发商那里购买时,就可以将木板条切割成你需要的尺寸。

1 测量出你需要镶板条墙面的尺寸。切割木材,四倍于你测量的尺寸。墙壁如果原来有壁脚板,拆掉它们。

> **1天**
>
> **你需要准备**
> - 卷尺
> - 手锯
> - 1cm长的松木板
> - 液体胶
> - 铅笔和水平仪
> - 三角板
> - 无光泽木纹颜料
> - 普通刷子

2 用液体胶,将通长的厚木板条安装在墙面上,安装时板条紧贴地面,如同踢脚板一样。然后,在第一圈木板条上再安装一圈木板条,这样沿墙面底边形成以一圈双层"踢脚板"。如果对于木板条而言,墙面过长的话,那么就用短一些的板条拼接,这样就会形成接口,注意接口处一定要紧紧连在一起。

3 现在在下面两组厚木板条的上方安装第三组板条,它们也要接口处紧紧顶在一起。首先标出你希望完成后的板条墙面有多高。用铅笔和水平仪画出这道标志线,沿整个墙面画完。拿一块厚木板条紧贴在标志线下方,然后在它的下边缘处画标志线,也是沿整个墙面画完。

4 量出第二、三组水平线之间的距离,这就是垂直板条所需的尺寸。计算出垂直条之间留出多少间距看上去效果最佳,然后切出这样长度的板条,足够布置

在墙面上。现在将板条用液体胶固定在墙面上,再用三角板和水平仪检查它们是否垂直。

5 沿整个墙面安装第三组水平板条,恰好置于垂直板条之上。最后,把剩余的板条切成纵向直角转角的窄条,安装在水平板条上,形成一条窄窄的边线。最后用光泽木材颜料粉刷一遍。

60　门厅

格架电话桌

把一个简单的木盒子或木箱子改装成一个有价值的门厅储藏空间，给你一个可以坐的地方，并且有活动的盖子，里面可以放一些电话本或鞋子。

1 将木箱子盖的金属铰链拧松，把盖拿下来。将盖锯成两半，做成两个较小的盖。将边缘用砂纸磨平，然后各用两个金属铰链将新盖安装在箱子上。

2 用木材颜料刷一遍整个箱子，里外全刷，然后充分晾干。

3 量一量箱子内嵌板的尺寸，锯相同尺寸的格子板。给切割好的格子板刷上同样的木材颜料，小心仔细一些将装饰格子处全刷到。用强力木材胶将装饰格子板粘到木箱上。

4 切割一块泡沫，尺寸与两个箱盖中的一块相同，并用泡沫胶将它粘到一个箱盖上。然后剪一块足够大能包住泡沫块的棉布织物。用织物包住泡沫，用别针在下边适当位置别好，然后用针将边缘处缝合或缝一圈装饰边，这样一个坐垫就完成了。

> **0.5 天**
>
> **你需要准备**
> - 螺钉旋具
> - 旧松木箱（有盖，可以装东西）
> - 手锯
> - 砂纸
> - 4个金属铰链和螺钉
> - 木材颜料
> - 普通刷子
> - 卷尺
> - 装饰用格子
> - 强力木材胶
> - 剪刀
> - 6—8.5cm泡沫塑料
> - 泡沫胶
> - 织物
> - 射钉枪和射钉
> - 针线或工艺胶
> - 装饰边

一日之举

手工伞架

制作一个坚固耐用的彩色伞架,恰好可以放在门厅里,十分合适。

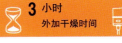

3 小时
外加干燥时间

你需要准备

- MDF 底漆
- 普通刷子
- 12mm 厚的 MDF 板,按如下尺寸切割:
  4块长方形用作边,20cm × 45cm
  一块正方形用作底,25cm × 25cm
- 两种颜色的油质乳胶漆
- 尺和铅笔
- 锤子和 2.5cm 长的钉子
- 防水木材胶
- 木质填料
- 砂纸

1 给5块切割好的 MDF 板全部刷上底漆,并晾干。用选好的伞架内部的颜料,将4块长方形 MDF 板的一面粉刷一遍,并将板材向上的边缘也粉刷上这种颜料。给坐底的正方形 MDF 板的一面刷上另外一种颜色用于伞架外面的颜料,包括边缘,晾干。

2 拿出两块长方形的 MDF 板,在未粉刷的一面,画一条与长边平行的铅笔线,据边缘约 6mm 宽。将钉子沿画好的线轻轻的钉入木板,开始于距底 4cm 处,结束于距顶端 4cm 处。

3 在剩下的两块 MDF 板上,用防水木材胶涂在边缘上。

4 将刷好油的一面朝内,将那块确定好钉子位置的 MDF 板与一块涂好胶的 MDF 板组合在一起,并用锤子将钉子钉入。重复上述步骤,将几块 MDF 板全部粘好并钉牢。在缝隙里填充木材填料并用砂纸磨光之前,让胶慢慢晾干。

内侧涂好,然后将伞架放在底座上。在上面加一定重量的重物,比如书籍等等,让伞架子与底座更好地粘在一起,并晾干。最后,将伞架外面刷上另外一种颜料,晾干。

5 将钉好的伞架放在底座中心上,并用铅笔沿四周标出位置线。用胶沿位置线

Shaker 风格镜架

这面有用的镜子也是一个手工的架子，可以放花、邮件或其他闲置的小件物品，忽略掉架子，加上衣钩可以挂钥匙。调整框架的尺寸以适合你的门厅。

> **3 小时**
> 外加干燥时间
>
> **你需要准备**
> - 铅笔和卷尺
> - 长宽厚为 40cm × 60cm × 18mm 的 MDF 板
> - 防尘面具
> - 手锯
> - 木材胶
> - 螺钉旋具
> - 2mm × 20mm 的螺钉
> - 砂纸
> - MDF 底漆
> - 普通刷子
> - 油质颜料
> - 强力胶粘剂
> - 30cm × 50cm 的镜子
> - 小螺钉孔和金属线

1 在切割好的 40cm × 60cm 的长方形 MDF 板的中心标画出一个 25cm × 45cm 的长方形。带上防尘面具，用手锯沿标画线锯开。在锯下来的 MDF 板上，切下一块 11.5cm × 40cm

的板用作架子。在这块用作架子的 MDF 板的两边分别切下厚 18mm、长 7.5cm 的口子，这样可以卡在镜架上。将架子沿镜架内洞的下边缘放好，用木材胶粘好，然后在背面用螺钉拧上，一边拧一个螺钉。

2 把镜架和架子的边缘用砂纸磨平。在刷油质颜料之前，先用 MDF 底漆整个刷一遍，然后晾干。干燥后，再刷一遍油质颜料。

3 把整个镜架正面向下放在一个平台上，架子悬在平台外面。用强力胶粘剂抹在镜架内洞口四边，不要超过 5cm。将镜子正面朝下压在镜架的背面，让

其干燥。在镜架背面距上边缘 10cm 位置处钻两个螺钉孔，然后用金属线穿过螺钉，就完成了。

门厅

快速制作

黄色与绿色

磨砂蜻蜓图案镜子

- 把蜡纸膜板图案放在镜子一角,用胶带粘上。用磨砂喷雾剂喷到蜡纸上,并干燥。最后撕掉蜡纸,蜻蜓图案就印在镜子上了。

10 分钟

你需要准备
- 蜡纸蜻蜓图案或其他图案
- 普通镜子
- 遮护胶带
- 磨砂喷雾剂

储存花园靠垫

- 给每个靠垫的一角压上一个金属圈。在墙上或门框上钻眼,然后拧上吊钩。把靠垫挂在钩上——它们现在方便地储存在门上了,如果你想拿它们到室外去很方便。

10 分钟

你需要准备
- 金属圈和金属圈冲压机
- 靠垫
- 电钻
- 丝杆吊钩

视觉焦点——镀金相框

• 取下相框后面的底和玻璃。在墙上比好钉子的位置,确定镀金相框挂在哪儿。位置确定得满意后,把钉子钉在墙上,挂上镀金相框。可以挂一对、或三个挂成一排,或四个挂成一组。

 15 分钟

你需要准备
- 若干旧相框
- 锤子和钉子

两种格调的壁纸

• 一面不完美、有缺点的墙可以用条纹壁纸和花纹壁纸很轻松地装饰好。分别按护墙板横杆上下不同的尺寸剪切两种壁纸,然后分别粘到墙上。给用在横杆下方有暗纹的壁纸刷上油质涂料,让它变得更耐磨一些。为了与之相配,上面的条纹壁纸可以选用同种颜色的条纹,以获得满意的效果。

0.5 天

你需要准备
- 壁纸剪刀
- 条纹墙壁纸
- 花纹墙壁纸
- 壁纸糊和刷子
- 油质颜料
- 普通刷子

快速制作

中性色与天然色

叶子图案装饰窗帘

• 在描图纸上描出叶子主题的图案,然后将图案印到窗帘底部边缘处。用锥子在印上的叶子外轮廓上均匀地钻孔,擦去铅笔线。

1 小时

你需要准备
- 铅笔和描图纸
- 普通滚轴窗帘
- 锥子
- 干净的橡皮

纹理方格墙

• 用水平仪和遮护胶带,在整个浅色墙面上标出方格分格。将乳胶漆倒入盘中,并加入一半水进行稀释。把油滚子上蘸上稀释后的颜料,在厨纸上抹去过多的颜料,然后再往墙面上刷。撕掉胶带之前,让油漆充分干燥。

 2 小时
每面墙
外加干燥时间

你需要准备
- 水平仪
- 宽边遮护胶带
- 乳胶漆
- 漆盘
- 水
- 纹理滚刷
- 厨纸

竹子紫铜窗帘

- 按照你窗户的宽度切割竹藤，并计算出你需要遮住的窗户宽度。安装每根藤条时，间隔约2cm，将细塑料管切成2cm长的一段一段。你需要2倍于藤条数量再减去2的细塑料管，给细塑料管喷上金属光泽紫铜色漆。

 2 小时

你需要准备
- 钢锯（可锯金属）
- 竹藤
- 卷尺
- 细塑料管
- 金属光泽紫铜喷雾漆
- 剪刀和细绳
- 吊钩

- 剪两段细绳，每段长度是窗高的2.5倍。将每段绳对折，然后打环。首先在最上部的藤条处打结，以固定藤条，结打在距藤条端部1/4位置处。将细绳穿过细塑料管。然后拿出第二根藤条，放在第一根下面，用同样的方法打结固定，并穿上细塑料管。将所有的藤条都按上述方式串在一起并固定。将做好的窗帘挂在已用螺钉固定在窗上墙的吊钩上。

普通挂衣钩

- 戴上防尘面具，切割一块40cm×120cm的MDF板用作挡板。把切割好的MDF挡板在墙面上定好位置，然后用电钻在墙上钻孔，安上木塞块，并用螺钉把MDF挡板拧上。用木材颜料粉刷MDF挡板，或者用纹理墙纸包在挡板上。干燥后，在挡板上拧上挂衣钩。

2 小时

你需要准备
- 防尘面具
- 手锯
- 12mm 厚的 MDF 板
- 卷尺和铅笔
- 电钻和木塞块
- 螺钉旋具和螺钉
- 木材颜料或有纹理墙纸
- 挂衣钩

快速制作

流行时尚

多用途暖气架

• 在暖气上方摆上架子，并且标出托架的位置。用电钻钻洞，塞入木塞块，并用螺钉把托架拧到固定位置上。在给架子和暖气刷油前，先上一遍底漆，然后刷上与墙体相配的颜色。

1 小时
外加干燥时间

你需要准备
- 窄条木质架子和托架
- 铅笔
- 电钻和木塞块
- 螺钉旋具和螺钉
- 底漆
- 普通刷子
- 油质漆
- 散热器漆

配套颜色的挂衣钩

• 计划好你想在墙上布置衣钩的位置，可以先用一些圆形的黏性大头钉排列一下位置，调整它们之间的位置，数量正好可以满足全家人挂衣服、包、帽子等物品。用铅笔标出每个挂衣钩的位置。

20 分钟
外加干燥时间

你需要准备
- 金属挂衣钩
- 黏性大头钉和铅笔
- 电钻和木塞块
- 螺钉旋具和螺钉
- 旧报纸和遮护胶带
- 金属喷雾漆

• 在这些位置上钻洞，并塞入木塞块，然后用螺钉把挂衣钩拧上。将衣钩周围的墙面区域全部盖住，然后用喷雾漆给衣钩喷上与墙体相同的颜色。

时髦的防尘器

• 用旧毛巾或毯子,卷成一团,成为一根"香肠"。用细绳把它捆起来,并把它放在织物零料的中心。把织物两端部折起来,并卷成一团,形成一个整洁的包裹。把每个端头形成的包裹用强力弹性带子紧紧捆住,并用长条丝带同样在两端扎起来。

 15 分钟

你需要准备
- 旧毛巾或毯子
- 剪刀和细绳
- 织物零料
- 强力弹性带子
- 长条丝带

粉刷楼梯踏步竖板

• 确保每段踏步竖板是洁净干燥的,已经用砂纸磨光并且用水清洗过了。用遮护胶带把踏步的上下边缘蒙上,以获得干净的线条,并保证油漆不会渗透。给踏步竖板刷一层油,并晾干。如果需要就再刷第二遍。油漆完全晾干后撕去遮蔽胶带。

 2 小时
外加干燥时间

你需要准备
- 砂纸
- 遮护胶带
- 油质颜料
- 普通刷子

妙点子长廊

明快风格

用清新的绿色和白色，创造出明快清新的感觉。镜子和玻璃增强了明快感和空间感，这正是门厅所需要的。

▲ 剪一些正方形的遮护胶带纸，并把它们散点式贴在前门玻璃上。用磨砂喷雾剂喷这些玻璃，然后当干燥后，小心地把那些正方形胶带揭掉。

▲ 把原有的实心的楼梯栏杆换成精巧的铁制栏杆，给门厅一个更加开阔、更加轻快的感觉。

▲ 即使是最小的门厅也适合用这些小巧的试管花瓶。将它们沿楼梯呈直线排列，每个花瓶里摆一小段生机勃勃的竹子，这样效果甚佳。

▲ 吸引人的餐具垫立即就可以变成贴在上楼梯墙面上布置的艺术作品。每一幅都在四角用双面胶粘到墙上。

▲ 把一块块的方镜布置在墙上，形成一个不同寻常的门厅镜。在每个方镜之间留一段距离，这样效果最好。再添加一个玻璃架子就更完美了。

▲ 给老式的格板门来点个性化的装饰，你可以在格子里装上明亮的、同样大小的墙纸或者包装纸，用胶粘上，然后再刷一遍清漆保护它们。

▲ 门厅里你需要一块易清洁的地板。碾压地板是最理想的，但是用一个明亮的长条地毯来给它变暖。

妙点子长廊

门厅地板与墙面

运用一些DIY知识、一些聪明的方法和具有想像力的创意，会给你的门厅注入活力。

▲ 可以通过如下方法把楼梯变成一件艺术作品：把踏步表面换成钢化玻璃，并且在踏步上安装金鱼槽，里面填满五颜六色的沙砾层。

▲ 衣帽杆对门厅而言是十分完美的。挂上各式漂亮的背包，就好像立刻把凌乱给藏起来一样。

▲ 给楼梯铺上一层合适的地毯来增加一种永恒风格的格调，这远比那些裸露的木质楼梯踏步更能让人感受到宁静。

▲ 给普通廉价的松木相框喷上金属质感的金色颜料,并用来展示你最喜爱的一些织物艺术品。

▲ 在门厅里,如果楼梯正好直接对着门,为了打破走廊带来的感觉,可以在楼梯口处悬挂一块帘子。

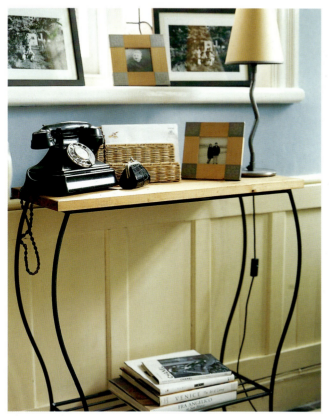

▲ 从DIY商店里宣导的镶板工具箱是给你的墙面增添个性和特色的一个简单易行的方法。作为一种选择,给墙面配上木质板,并刷上油。

▲ 选用窗帘杆作为不同寻常的扶手栏杆,可以添加在下楼梯的墙面处。

✅ 效果欣赏

温暖而富于魅力

将温暖的橙色和金色混合使用,可以让门厅真正变得富于魅力。

这样的门厅处理后立刻会变得大受欢迎、功能完善并且富于趣味性。为了打破墙面过高的感觉,可以用护墙板栏杆划分墙面。栏杆以下的部分刷上深一些的、砖红色的颜料,与之相配,上面则刷成杏黄色。

在一个较长的直来直去的门厅里,沿行进路线创造一些趣味点来避免目光直接注意到楼梯。一个半圆形的玻璃桌子占不了多大空间,却扮演了一个"加强点"的作用,并且给你提供了一个放鲜花、信件或车钥匙的位置。

用自信的黄色和橙色方格图案来装饰窗户,让它成为视觉焦点。漂亮的罗马风格窗帘对于门厅而言是理想的选择,它们较滚轴窗帘柔和许多,在特定的空间里又并不显得繁琐。

选择一块优质厚实的地毯,让人觉得奢华却又得体。棕褐色是一个理想颜色,因为它不容易脏,在这个房间里又并不沉闷。

还可以有哪些改进?

- 绒面效果墙壁
- 橄榄绿的重点部位
- 镀金相框
- 天鹅绒坐垫

▲ 赤土色、金色和芥末色会使一个黑暗的空间变得温暖、明亮起来。

▲ 把方格图案和条纹图案混合在同一颜色调色板里使用。

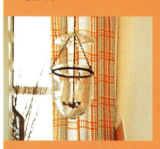

▲ 一个生机勃勃的垂饰吊灯扮演了"灯塔"的角色,为楼梯带来了光明。

▲ 在宽宽的窗台上摆一组靠垫,使它变得充满个性。

效果欣赏

一个典雅的入口

用凉爽的鼠尾草色和自然的纹理创造出一个最富空间感的门厅。

较大的门厅可能存在一个问题——到处都是空间,如何利用?一个答案就是用典雅的楼梯、护墙板和隔门板创造一个时代乐章。

因为这里明亮、开敞,你可以把地板创造出个性——可以用条纹或木纹,看起来是极具光泽的桃花心木地板。纯白的木制品是一个非常棒的选择,用它创造空间感并制作楼梯护板和框架。

用护墙板分隔墙面,这样就提供了一个区域可以运用嫩绿色来强调,这种颜色可以一直延续到楼梯使用。在一个层高较高的房间里,尝试着给顶棚刷上同样用于强调的颜色,就是你在护墙板横杆以下区域用的颜色,这样可以让整个房间和谐统一。布置艺术作品或镜子提供视觉焦点,如果你能配合房间的风格,选择一把椅子是任何门厅都有价值的附属物。

还可以有哪些改进?

- 蛋清蓝,可以用在护栏墙板横杆以下区域
- 剑麻地毯
- 用暗色木框装裱的艺术作品
- 颜色鲜艳的小地毯

▲ 自然材质的地毯,对门厅而言十分完美。它们坚韧耐用,并且有各种颜色可以选择——从深黄色到绿色,甚至红色。

▲ 选用有纹理的自然织物——像亚麻制品、粗麻布,可以用在椅子面和窗户的装饰上。

▲ 用薄纱挡在窗户上过滤一下阳光。加上一个个性化的处理,在底边缝一个细长的板条,作为一个简单的特点。

一日之举

漂亮镶饰窗帘

这款装饰性很强、实用性也很强的窗帘给你充分的个人空间,却不需要减弱进入你浴室的光线。窗帘由醋酸纤维薄片制成,防水性能良好。

1 量出你想遮挡的窗户区域的尺寸。用你丈量的尺寸,计算出你的窗帘需要多少块小正方形或长方形的醋酸纤维饰片,确保每块饰片足够大,可以容纳你选择的主题图案,并且允许留出5cm的分隔。

 2 小时

你需要准备
- 卷尺
- 剪刀
- 醋酸纤维饰片
- 大胆的花朵主题的织物边料
- 自黏性透明薄膜
- 办公打孔机
- 优质串饰绳(从工艺品商店购买)
- 优质丝带

2 切割出所需数量的醋酸纤维饰片,然后仔细地为每块饰片剪出一个花朵的图案,放在每块饰片的中心处。

3 将自黏性透明薄膜也切割成正方形或长方形,四边都比切割好的醋酸纤维饰片小5mm。先从一块饰片开始工作,剥去自黏性透明薄膜背面的衬纸,并且把它盖在主题花朵图案,粘在饰片上。

4 所有饰片都粘好薄膜

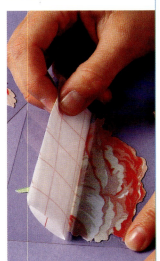

后,用打孔机在饰片每个角上打孔,并用优质串饰绳把饰片串在一起。剪出3cm长的丝带,扎在串饰绳上用作装饰。

墙纸边框

用墙纸边获得想像力，创造出饰片和细节，给你的墙面增添趣味。效果可以根据你的选择，或简洁或精致，从一个简单的饰片开始直到整面墙。

1 用墙纸边制作"框"。拿铅笔和尺在墙面上标出框架的区域。用水平仪检查铅笔线是否画得直。把水平的墙纸边贴在上部和下部，它们的边缘紧靠在画得铅笔线上。用壁纸刷在上面滑过，以确保没有气泡。

 1小时

你需要准备
- 铅笔和尺
- 水平仪
- 乙烯基墙纸边
- 乙烯基墙纸胶和刷子
- 锋利的刀

2 把垂直的墙纸边也用同样的方法贴上去，再转角处与水平那片交叠。在四个角，用斜角尺和一把锋利的刀，切割交叠的两层墙纸，对角线沿内角切到外角。拿掉切除掉的部分，将接角处重新贴好归位。

一日之举

仿古木质格板

用简洁的技法赋予你的浴盆贴面板一个乡村的仿古效果。用木材，例如凹槽格板，并且注重细节和边缘处，会获得最佳的效果。

2 小时
外加干燥时间

你需要准备
- 两种对比色的油质涂料
- 普通刷子
- 凡士林油
- 干净抹布

1 给浴盆贴面板刷头道底漆，在本书所选例子中，刷的是红色，然后晾干。拿一把小号刷子，蘸一些凡士林油，然后随意地刷在贴面板边缘处和连接处，有点磨损的、湿润的效果，很自然。

2 在抹好凡士林油的贴面板上刷第一遍漆，本书实例中用的是蓝色。然后晾至完全干燥。

3 用一块干净的抹布，顺着凡士林油流淌的方向，轻轻地抹去凡士林油。这样，凡士林油经过之处，会阻止油漆的附着，并且会剥落，露出底漆，产生一种仿古的效果。

油漆地毯

通过令人眩目的设计如"星条旗"图案,给你裸露的地板以冲击的效果。在浴盆前绘制,或者将它放在浴室入口处,这样一开门,就好像在欢迎你。

> **3 小时**
> 外加干燥时间
>
> **你需要准备**
> - 白色、蓝色和红色油质油漆
> - 普通刷子
> - 铅笔和遮护胶带
> - 标签笔
> - 一块海绵
> - 解剖刀
> - 旧盘子
> - 废纸

1 做好事先准备,确保地面洁净、干燥和光滑。先将整个地面刷成白色,然后晾干。用铅笔轻轻画出图案的边线,再把不同颜色处用遮护胶带贴好。先刷蓝色的区域,在刷红色的条状之前,完全晾干。然后刷红色条纹,每次不要蘸太多油漆,这样刷起来比较干,刷出来的效果有点不调和感,带着些许用旧的味道。

2 该轮到刷白色的星星了。用海绵制作一个印章。先用标签笔在海绵块上画一个五角星的形状,然后用刀将星星的形状切割下来。在一盘子倒入白色油漆,然后用星星形状的海绵蘸一些油漆,首先在废纸上印一些星星试一试,直到你确定海绵上油漆的量正好时,将星星印在"星条旗"图案星星应在的位置上,最后晾干。

浴室

一日之举

海星浴盆贴面板

用一个反转印章的技法，创造一个海星风格。这种风格是为一间以海洋为主题的浴室准备的。

> ⏳ **2 小时**
> 外加干燥时间

你需要准备
- 木材颜料
- 普通刷子
- 铅笔和卡纸
- 剪刀
- 泡沫块
- 工艺刀
- 遮蔽液
- 破布
- 蓝色油漆
- 抹布或海绵

1 用白色木材颜料给贴面板先刷两层"外套"，刷第二遍之前，要等第一遍完全晾干。

2 在卡纸上画一个海星图案，制成模具。把模具放在一块泡沫上，用工艺刀将海星切成海星的形状。

3 将遮蔽液倒在一块破布上，然后转移到泡沫海星上。然后把海星上的遮蔽液隐在贴面板上，随意组合出图案。

4 将蓝色油漆加入1/3的水进行稀释后，刷在贴面板上晾干，然后用抹布或海绵擦掉遮蔽液，这样白色的海星图案就完全显露出来了。

磨砂柜门浴室柜

自己动手制作一个浴室的储物柜，用一个旧柜子的空壳，再加上一个现代风格的磨砂柜门。最后，给小柜刷上与浴室配套的木材颜料。

1 将木材颜料摇晃均匀，然后给旧柜子里里外外刷两遍，刷第二遍之前，要等第一遍完全晾干。

2 量出柜子正面的尺寸，用解剖刀和钢尺切割出两片聚丙烯板材，高度与柜子高度相同，宽度等于柜子宽度的一半，做两扇柜门。

3 用手锯切割出8条木板条，用作柜门的边框。4根高度与柜门相同，另4根与柜门宽度相配套，正好能安装在竖向木条之间。给8根木条刷上木材颜料，然后充分晾干。

4 给木条刷上强力胶，并压在聚丙烯柜门四周，在安装柜门前至少干燥两小时，然后用平折页将柜门安装在柜子上。在两扇柜门的上边缘的合适位置各钻一个洞，并安装上铝制手柄。

 1天

你需要准备
- 木材颜料
- 普通刷子
- 木柜子去掉抽屉
- 卷尺和铅笔
- 解剖刀和钢尺
- 聚丙烯板材
- 手锯
- 木板条
- 强力胶
- 4个平折页
- 电钻
- 两个小巧的铝手柄

> 快速制作

正方形世界

奔放的木地板块

- 首先在纸上计划好——尝试自由的、方格的、条纹的设计或者边缘色彩——然后大致将地板块摆放在地面上,看一看哪些位置需要做出切割或调整。从中心开始向四周铺,这样到边上时只需裁掉相同的尺寸。在地面上画一条水平线和一条垂直线,让它们交于地板的中心点,然后以此中心点为基准,向外铺地板块。将所有地板块铺上,在需要切割的位置切割掉多余的部分。

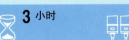

3 小时

你需要准备
- 铅笔和纸
- 2—3种不同颜色的自黏性地板块
- 锋利的装饰刀
- 卷尺

陶瓷锦砖饰面桌

- 在旧桌子面上涂好胶粘剂,然后将陶瓷锦砖饰面粘在桌面上。如果饰面材料是纸面平装类型,就正面朝下;如果是网线镂空类型,就正面朝上。用从整块板材上剪切下来的小块填充缝隙,并用块材切锯机切成所需要的形状。再用水泥浆勾边之前,充分晾干。最后用海绵块将表面吸干净。

你需要准备
- 陶瓷锦砖块胶粘剂
- 旧桌子
- 陶瓷锦砖饰面
- 块材切锯机
- 水泥浆
- 海绵

仿陶瓷锦砖图案印章

- 用铅笔和尺子在一块泡沫块上画一个 2cm × 2cm 正方形形状。用解剖刀沿画好的铅笔线切割,从勾边的线开始,不用全部割穿泡沫。用白色油漆在墙面上刷一个白色的边框,晾干。

1 小时

你需要准备
- 一块密实的泡沫
- 铅笔、尺子和解剖刀
- 小号普通刷子
- 白色乳胶漆和3种不同深浅的蓝色油漆
- 一块木板,用作调色板
- 厨房用的废纸

- 在一个盘子中将3种蓝色的油漆混合在一起,用切好的泡沫印章蘸上混合油漆,在一些废纸上印一印,去除过多的油漆,然后坚定地印在墙面上,小心地拿起。在刷好的白色边框上,按上述方法印满陶瓷锦砖图案。

陶瓷锦砖印章图案镜子

- 戴上防尘面具,用竖锯在MDF板中心处锯出一个洞口,尺寸比镜子稍微小一些。给MDF边框刷上底漆。干燥后,在给它刷上白色乳胶漆,晾干。

1 小时
外加干燥时间

你需要准备
- 防尘面具和竖锯
- 12mm厚的长方形或正方形MDF板,比镜子每边宽10cm
- 长方形或正方形镜子
- MDF底漆
- 普通刷子
- 白色和另一种颜色的乳胶漆
- 陶瓷锦砖图案印章
- 光泽金属清漆
- 强黏性胶带

- 用陶瓷锦砖图案印章给MDF边框印上深颜色的方格图案。油漆晾干后,刷上清漆。最后用强黏性胶带把镜子从背面粘在MDF框架上。

浴室

快速制作

浴室里的聪明方法

竹制毛巾架

- 按照你印象中毛巾架应有的尺寸切6根竹条。每3根竹条用麻绳在上下牢牢捆在一起,用作毛巾架垂直的支杆。把支架放在地板上,捆绑点距顶端8.5cm,距底端40cm。检查一下,确定支架可以给出足够的空间来挂毛巾。计算出需要多少根横挡以及你希望它所处的位置。在剩下的竹条中,切出横挡条来,它们与垂直支架应交叠2.5cm。用麻绳将横挡条捆在垂直支架上,把完成的毛巾架倾斜倚在墙上就行了。

30 分钟

你需要准备
- 钢锯
- 7m × 3m 的长竹条
- 麻绳

翻新方格图案防溅板

- 根据工厂指南,准备好现成的刷好底漆的块材。干燥后,用块材颜料间隔的刷这些块材,形成一个棋盘格图案的设计。干燥后,用灌浆笔开始水泥浆勾边,给它一个更洁白、更清洁的外观。

15 分钟
外加干燥时间

你需要准备
- 底漆
- 小号普通刷子
- 两种颜色的颜料
- 灌浆笔

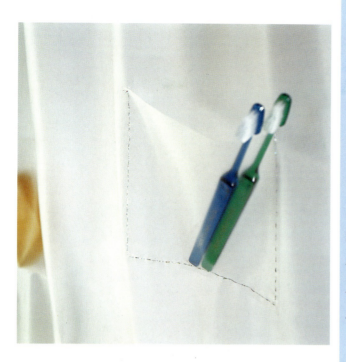

迷你墙壁储物盒

• 确定一下这些小储物盒在墙面上的位置。然后，用铅笔和水平仪，在墙上画出储物盒的上边缘线。在储物盒背面标出拧螺钉的位置，并钻一个小螺钉眼。首先从一个小盒开始，将小盒摆在墙上固定位置处，对准螺钉眼的位置在墙面上钻洞，塞入木塞块，然后将小储物盒用螺钉固定在墙上。你可以在小盒上刷上字母或者贴上不干胶。

 15 分钟
每个容器

你需要准备
- 木质盒或塑料盒
- 铅笔和水平仪
- 螺钉旋具和螺钉
- 电钻和木塞块

淋浴帘上的小口袋

• 这款小口袋位于淋浴帘的前面，只有浴帘整个宽度的1/3宽，因此当拉开浴帘后，它悬挂得很整齐。按如下尺寸剪切透明的塑料布，比浴帘长5cm，宽度只有浴帘的1/3。在一端用银线缝5cm的边——这边用于上端。

2 小时

你需要准备
- 卷尺
- 剪刀
- 光亮的塑料帘子
- 针和银线

• 从剩下的塑料布上剪一个小口袋，然后将它缝在刚才剪好的布上，三面缝合，上边开口。在小口袋里可以放一些花朵或浴室里的小件物品，如牙刷。在褶边的位置上压几个金属眼，然后将它在浴帘前面，靠墙摆好。

快速制作

鹅卵石小饰品

鹅卵石窗帘拉手

• 将现有的窗帘拉手剪断。用金属压孔机在窗帘中线上,距下边缘7cm处压孔,安上金属圈。然后用一小段皮革带子缠在一块鹅卵石上,并打结。把皮带穿过金属圈并系牢。这样鹅卵石拉手就自然悬垂在窗帘下方。

10 分钟

你需要准备
- 剪刀
- 普通窗帘
- 金属圈和金属圈压孔机
- 卷尺
- 一小段皮革带子
- 鹅卵石

浴室蜡烛罐

• 在温肥皂水中清洗陶瓦罐,确保它们是干净的,然后晾干。用乳胶漆给陶瓦罐里外都刷一遍。完全晾干后,把蜡烛放在瓦罐中间,然后在蜡烛周围堆放小石子,用以支撑蜡烛。放满陶瓦罐,确保蜡烛固定在自己的位置上。

15 分钟 每个罐 外加干燥时间

你需要准备
- 陶瓦罐
- 乳胶漆
- 普通刷子
- 小石子
- 蜡烛

条纹竹窗帘

• 确定你是在一间通风良好的房间里或是室外。摘下窗帘,平放在一块塑料布上或者旧报纸上。计算出你希望的条纹宽度和空间,然后在窗帘上标出。用报纸盖住条纹以外的区域,保证它们不会被喷上颜料。拿喷雾器给窗帘喷上条纹,注意喷雾器离窗帘0.15m远。均匀地、轻轻地喷颜料,逐渐上色。然后晾干。为了取得最佳效果,将窗帘翻过来,用同样的方法在背面再喷一遍。

1 小时

你需要准备
- 普通竹子窗帘
- 喷雾颜料
- 旧报纸
- 遮护胶带
- 铅笔

鹅卵石木质相框

• 剪下一块白纸板,用来放在相框里。将鹅卵石摆在白纸板上,直到它们的位置你满意为止,用双面黏性衬垫粘在卵石背面,然后压在白纸板上。将白纸板背面也贴上双面衬垫,然后装入相框。

10 分钟

你需要准备
- 剪刀
- 硬白纸板
- 木质相框
- 4块较平的鹅卵石
- 双面黏性衬垫

浴 室

妙点子长廊

温暖色调

用富于魅力的橙色和丰富的木材质感翻新你的浴室,让它变得温暖起来,远离浴室那些冰冷的白色格调。

▲ 享受抚慰人心的烛光浴——雅致优质的蜡烛会让任何一间浴室都变得浪漫新颖起来。

▲ 给浴室增添一抹清新和亮丽的色彩:用一个浅浅的盘子装上水,水面上漂浮一些各种颜色的花朵。

▲ 选择一些颜色上充满活力的毛巾,给你的浴室注入生机。

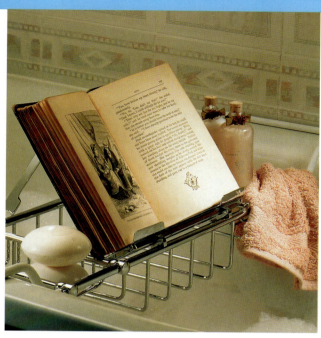

▲ 把竹藤剪切成相同的长度用细绳捆扎在一起,制成一个浴室里使用的架子。在墙上钉好托架,固定住竹架,并保持平衡。

▲ 设计一个悠闲的洗浴氛围——用你最喜爱的阅读把你从潮湿中解脱出来,在浴盆边上摆上一个放书的书架。

▲ 把一些迷你小盒子安装在墙上,制成便捷的窄架。刷上光泽涂料,防止潮湿和水气。

▲ 尝试使用室外铺面板,创造出非同寻常但很实用的浴室地板。因为它本身防水,所以用在浴室很合适。

☑ 效果欣赏

巧克力色、米黄色和可可色

通过使用有层次感的中性颜色，为浴室带来温暖。

墙面、地板和家具全部采用白色，可以给较小的房间带来明亮感和空间感。选择一种略带黄色的乳白色，给人一种柔和的感觉，这比纯白色要好，否则看起来像临床用色。把所有的木制品和格板也刷成白色，使房间看上去大一些，因为有纹理和细节，房间看上去又不失趣味性。

下一步，选择一些附属物品和必需品，来增加一些天然色的层次：选择棕色、淡棕灰色或米黄色的毛巾，选择帆布制成的衣袋，选择未染色的木制品（给它们打蜡，确保它们防潮性更好），选择带条纹的亚麻窗帘。选择具有多种多样自然纹理的材料，这样让房间不可避免的变得触手可及。

还可以有哪些改进？

- 少量的橄榄绿
- 白色百叶窗
- 白色地板
- 窗台上摆成一排的装在石罐里的仙人掌

▲ 考虑可食用的色调——巧克力色、冰淇淋色、蛋壳色和可可色。

▲ 寻找一些有趣的纹理，比如折叠的绳子，用来悬挂的松木框镜子、木柄刷子或丝瓜布。

▲ 制作一个简单的窗帘：选择一块比窗户宽一些、长一些的织物，在上面钻一些金属孔，悬挂在窗户上不得吊钩上。卷起一部分窗帘到合适的位置，用两根长丝带将它们挂起来。

卧　　室

这是你的**私人空间**，至少在外界看来卧室是一个你可以**放纵情感**的地方。仔细考虑好你到底需要什么样的卧室——休闲的、给人以美感的，还是青春的？是为你一个人准备的，还是与你的伴侣或家人生活在一起？

无论你是否期望你的卧室是一个晚上让你充分休息、早上又让你精力旺盛的地方，**色彩**都是最重要的，它可以创造出**最隐私、实现梦想的**空间。

一日之举

Shaker 风格的床头板

在一块简简单单的 MDF 板上，刻上凹槽、刷上油漆、再印上一些字母，变成一块床头板。它立在床头，用木腿支撑。

> **4 小时**
> 每面墙
> 外加干燥时间
>
> **你需要准备**
> - 卷尺和铅笔
> - 防尘面具
> - 12mm 厚的 MDF 板
> - 两个木材支架
> - G 形夹具
> - 木头块
> - 电动刳刨机
> - MDF 底漆
> - 普通刷子
> - 两种颜色的油质涂料
> - 字母印模
> - 电钻
> - 螺钉旋具和螺钉

1 计算出你的床头板所需的尺寸——通常要比你的床宽 3cm，比你的床垫高 40–60cm。戴上防尘面具，按上述尺寸切割一块 MDF 板。在切两条木材支架用来支撑床头板，从地面算起比床头板上边缘矮 10cm。

2 考虑一下床头板上凹槽的分布和效果，确保它们能够按照床头板的宽度均匀分布。丈量尺寸，并且用铅笔在床头板上下边缘标出凹槽划分的起始点，然后连接起始点画出标记线。

3 用 G 形夹具将切好的 MDF 板夹在一个工作平台表面上，在夹具下面垫一块木板保护 MDF 板，同时也作为刳刨机的一个参照。用刳刨机沿标出的铅笔线刻出 3mm 深的凹槽。

4 给床头板刷上底漆，干燥后用油质涂料粉刷，晾干。再用一种对比色将字母印在床头板上。

5 晾干后，将床头板正面朝下。在床头板背面，用铅笔沿底边画标记线，距床头板一边约20cm，在床头板中部再画一条标记线，也是距这个边缘20cm。把一条木材支架按着这两处标志线定好位，然后用电钻钻孔，再用螺钉把支架固定到床头板上。用同样的方法对称在另一边，把另一条支架也固定上。

完成后，把床头板靠墙放好，然后把你的床推过去，紧挨床头板摆好。

装饰性亚麻布箱子

将一个并不昂贵的箱子变成一件漂亮的卧室家具，先刷油，然后印上漂亮的花纹主题。

1 用白色乳胶漆粉刷整个木箱，然后晾干。在一个旧的茶碟中倒入一些蓝色乳胶漆，然后滚到花朵图案的印章上。

2 在箱子盖的四周边缘处以及箱子的边缘处印上一圈蓝色的小花图案。最后，给整个箱子刷上一层丙烯酸清漆作为保护层。

 2 小时
外加干燥时间

你需要准备
- 裸露的松木箱，如果需要，先刷底漆
- 白色和蓝色乳胶漆
- 普通刷子
- 花朵图案印章
- 旧的茶碟
- 小滚轴刷
- 丙烯酸清漆

卧室

一日之举

陶瓷锦砖图案外观的纪念品箱

给一个旧的木箱子刷上五颜六色的颜色，用你选定的色彩，带来一种独特的效果。用尽你剩余的颜料是一个不错的主意，或者是你可以购买少量试用装的小罐油漆。

3 小时
每面墙外加干燥时间

你需要准备
- 木箱子
- 铅笔和尺
- 小的方边艺术刷子
- 乙烯基光泽涂料，6–8种不同颜色
- 小号普通刷子
- 金属光泽丙烯酸清漆

1 量出箱子的尺寸，包括箱子盖的尺寸。计算出用什么尺寸可以均匀地划分正方形——本书实例是边长2cm的正方形。用尺和铅笔在箱子表面上画水平线和垂直线，将表面划分成正方形格子。

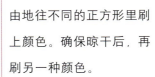

2 用方边艺术刷子，蘸上一种颜色的颜料，开始自

由地往不同的正方形里刷上颜色。确保晾干后，再刷另一种颜色。

3 全刷完后，将整个箱子的颜色完全晾干。如果某种颜色的正方形过多，或者出现不均匀，那就用另一种颜色进行调整。最后，刷两遍清漆就完成了。

反转镂花模板

这里,将模板应用于墙面上,印画成一排垂直的图案。然后翻转过来,同样形成另一排图案,产生一种镜像的效果。你需要选择一个模板,它能够在翻转后重复另一排图案时,很好地帮助你完成工作。

1 用基础色粉刷墙面,然后晾干。在墙上画两条垂直的铅笔线,两条线之间的距离为45cm。将模板直接放在一条线上,置于正确的位置上。

3 小时
每面墙外加干燥时间

你需要准备
- 用作基础色的乳胶漆
- 普通刷子
- 铅笔和钢尺
- 遮护胶带
- 模板刷
- 白色乳胶漆

2 将白色乳胶漆蘸到模板刷上,在模板上进行点画。刷子不要蘸太多的颜料,要干一些。点画出层次感,获得一个满意的效果。将模板沿直线移动,在相邻的空白区域进行点画,这样,主题图案就连成一条不间断的线了。

3 轮到第二条直线时,先将模板清洗干净,然后翻转过来,这样你会得到反转的图案。将它放在第二条直线上重复上述的过程。用同样的方法在下一个区域墙面上进行,每两条直线要形成一个反转的过程。

快速制作

方块与花朵

拼缝装饰窗帘

- 量出窗户的宽度,以及窗帘杆到你希望悬挂的底边位置的高度。将织物剪成30cm×30cm的正方形,可以另外留出5cm用于褶边。在位于窗帘最上端和最下端织物的边则需留出7.5cm。将正方形织物块横向连接起来并封口,然后纵向连接起来把它们缝合。最后将四周的边缝合好,并用窗帘架将它悬挂起来。

2 小时

你需要准备
- 卷尺
- 剪刀
- 各种图案织物的边角料
- 缝纫机或针线
- 窗帘夹
- 熨斗

瓷砖块桌面

- 量出桌面的尺寸,计算出你需要用多少块瓷砖。将这些瓷砖放在桌面上,参照桌边标出需要切割的部分,然后将多余部分切除。用砂纸将桌面磨光,清除灰尘以保持桌面整洁干净。然后涂一层瓷砖胶粘剂,将瓷砖摆好位置。留出均匀的间距。把瓷砖仅仅压到各自的准确位置上,并晾干。当瓷砖已经牢固地粘在桌面上时,用水泥砂浆勾缝,然后用海绵块蘸走多余的水泥砂浆。

2 小时

你需要准备
- 卷尺
- 桌子
- 瓷砖和瓷砖刀
- 砂纸
- 瓷砖胶粘剂
- 水泥砂浆和海绵块

墙壁镶板家具

- 如果床头柜的柜门可以拆卸下来，就按照下面的方法做。先在嵌板涂上一层PVA胶，晾一会，直到只剩一点儿黏性时，拿一块织物或墙纸粘到上面。如果柜门不能拆卸，可以只简单地按照尺寸剪一块织物或墙纸，用同样的方法粘上就可以了。

 1 小时

你需要准备
- 床头柜
- PVA 胶
- 剪刀
- 织物

织物小片

- 剪一块硬纸板放在相框里，把它作为衬底板，再剪一块硬纸板作为织物的衬底板。将一块大块的织物放在作为背景的衬底板上，再把另一块带有花朵图案的织物小片放在上面，然后把它们放在相框里。重新把相框装好，玻璃要把织物固定在正确的位置上。

 15 分钟

你需要准备
- 剪刀
- 硬纸板
- 相框
- 铅笔和卷尺
- 两种不同织物的剩料

快速制作

银色与粉色

水晶饰品和灯罩

- 将水晶饰品沿灯罩底部边缘绕一圈，看看需要多长，然后剪切这个长度的水晶饰品。在灯罩内侧沿底部边缘刷一层PVA胶，然后将水晶饰品粘在上面。用丝带在灯罩外部沿底边绕一圈，离边线留出5mm的距离，并确定所需丝带的长度。剪出所需长度的丝带，在灯罩上涂一薄层PVA胶，然后将丝带粘在上面。

1 分钟

你需要准备
- 水晶饰品
- 普通白色灯罩
- 剪刀
- PVA 胶
- 窄条丝带

丝带垂饰窗帘

- 按照你的透明窗帘的高度，长出12.5cm，裁剪一些丝带，将丝带放在窗帘前，在上端将丝带打结，形成一个环，然后将它们用别针别在窗帘上。确保所有的环尺寸相同，否则窗帘挂起来不挺直。将丝带和窗帘缝在一起，丝带在窗帘前方。重复所有丝带，并缝在窗帘上。

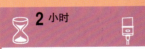

2 小时

你需要准备
- 剪刀
- 长条丝带
- 卷尺
- 半透明窗帘布
- 采访用别针、钉
- 针和线

带衬板箱的衬垫座椅

- 粉刷衬板箱，并晾干。裁剪粉色的锦缎，尺寸适合于泡沫块。将锦缎卷过来包住泡沫块，在下方每边包上约5cm的长度。将锦缎用泡沫胶粘好，再用泡沫胶将泡沫块粘在衬板箱的盖上。

- 用四条长丝带缠在锦缎上，并将它们拉紧后，钉在箱子盖的下方。最后用热胶棒把银色饰边沿盒盖的四边粘一圈。

3 小时

你需要准备
- 旧的衬板箱
- 浅粉色油质颜料
- 普通刷子
- 剪刀和长条粉色锦缎
- 卷尺
- 6—8.5cm泡沫，切成与箱子盖相同的尺寸
- 泡沫胶
- 浅粉色丝带
- 热胶棒
- 银色边饰

银色菱形模板墙面

- 首先在一张纸上设计出模板的形状——本书中的实例采用的是椭圆形——然后将这个形状复制到模板卡片上。如果你沿卡片上重复许多这个主题，则得到一排椭圆形，这样将来会节省时间。用工艺刀切割好模板。

- 在模板背面喷上胶粘剂，将模板粘到墙面上。用遮护胶带粘好，并用银色油漆开始粉刷。计算出你希望的椭圆形之间的间距，然后在墙面上画出标志线。重复上述步骤，直到完成整个墙面。

2 小时 每面墙 外加干燥时间

你需要准备
- 铅笔和纸
- 制作模板用的卡纸和工艺刀
- 喷雾胶粘剂
- 遮护胶带
- 银色油漆
- 模板刷
- 卷尺

🕐 快速制作

春季色彩

装饰性的织物窗帘盒

• 织物窗帘盒对于使用普通滚轴窗帘的窗户而言,是一个理想的选择,这样可以增添生气。剪一块织物,尺寸比窗户稍宽,10cm高,四周加上2.5cm的宽度用来褶边,用一种狭长的、质地坚韧的带状织物做边。在织物背面上边缘处均匀地缝上丝带扣,将织物悬挂在窗帘杆上。

⏳ 1小时

你需要准备
- 剪刀
- 长条织物
- 卷尺
- 一狭长的、质地坚韧的带状织物
- 短丝带
- 针线

五彩的抽屉衬垫

• 将旧报纸放入抽屉里,剪出一个精确尺寸的模具。然后,将模具比量在礼品包装纸上,剪切出正确尺寸的衬垫。将衬垫整齐地放在抽屉里。

⏳ 10分钟

你需要准备
- 旧报纸
- 剪刀
- 礼品包装纸

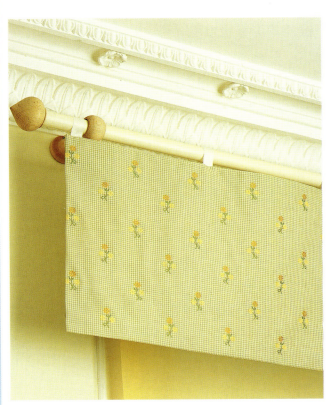

手绘条纹或方格纹装饰边

- 用铅笔和水平仪沿墙面护墙板横杆高度的位置画水平的标记线。上下用遮护胶带盖住，中间留出2cm的宽度。用绿色粉刷这道条纹。在这道条纹下方约10cm的位置处，用同样的方法再刷出一道绿色的宽2cm的条纹。

1 小时
每面墙
外加干燥时间

你需要准备
- 水平仪和铅笔
- 卷尺
- 遮护胶带
- 绿色、黄色乳胶漆
- 普通刷子
- 三角板

- 干燥后，在两道绿色条纹之间画垂直标记线，间隔要均匀，形成正方形——用三角板检查所画的线是否垂直。用遮护胶带遮住两边，刷上绿色，形成垂直的绿色条纹。在两条竖向绿色条纹中间，画另一条垂直标志线。遮住后刷上黄色颜料，形成一条黄色条纹。最后，用同样的方法加黄色条纹，将绿色正方形分成两份，形成黄绿相间的格状条纹图案效果。

雏菊图案的床上用品

- 在盘中倒入织物漆。在黄色中混入一些红色，调成橘黄色，另一个盘中黄色中混入一些绿色，形成淡黄绿色。先在纸上大略地设计出雏菊图案，然后要把它们印到床单或棉被上。床单或棉被需先平铺在地板上。

1 小时
外加干燥时间

你需要准备
- 黄色、红色和绿色的织物漆
- 用来混合颜料的旧盘子
- 铅笔和纸
- 普通床上用品
- 小滚刷和泡沫头
- 雏菊印章，大小不同
- 洁净的布

- 在小滚刷上蘸上颜料，然后将颜料刷在一个雏菊图案的模板上。将模板紧紧压在床单上，压住几秒钟。重新在模板上刷上油漆，再往床单上印雏菊图案。全部印完后晾干，然后垫上一块布，用熨斗将床单烫平。

快速制作

调整不配套的家具

- 拆掉旧的抽屉拉手,然后切割有串珠花样的木条,用作抽屉正面边缘处的缘饰。用斜锯架比量好并切割处理好角部。给木条缘饰刷上颜料,晾干后,用胶和钉子将缘饰安装在抽屉正面的边缘处。然后粉刷整个箱子。

1 小时

你需要准备
- 带抽屉的柜子
- 油质颜料
- 普通刷子
- 卷尺
- 墙纸剪刀
- 墙纸边料
- 墙纸糊和墙纸刷
- 手锯和斜锯架
- 有串珠花样的木条
- 木材胶
- 锤子和钉子
- 抽屉拉手

- 干燥后,量出抽屉正面的尺寸,然后裁出墙纸来装饰它。将墙纸粘在抽屉面上,并铺平。如果需要稍微修整一下,并给抽屉安装上新的手柄。

普通墙纸床头板

- 在墙面上按照你心目中床头板的尺寸,画出标记线。量出到踢脚板的距离,然后剪切出相应尺寸的墙纸,把它粘到墙面上。用墙纸刷在墙纸上刷过,确保不留下气泡。

45 分钟

你需要准备
- 铅笔和卷尺
- 墙纸剪刀
- 几何图案的墙纸
- 墙纸糊和墙纸刷

有边框的镜子

- 在墙面上画一个正方形,左右至少比圆镜的直径宽5cm,上下也高5cm。用水平仪检查一下所画的正方形是否水平。四周粘上遮护胶带,然后给正方形刷上颜色。干燥后,把镜子悬挂在正方形中心处。

30 分钟

你需要准备
- 铅笔和卷尺
- 圆镜子
- 水平仪
- 遮护胶带
- 乳胶漆
- 普通刷子

特色挂衣钩

- 在卡纸上比照圆盘子画一个圆,然后剪下用作模具。决定好你希望的挂衣钩的位置,然后把模具放在那个位置,用铅笔画出圆的轮廓线。给墙上的圆形里刷上颜料,干燥后,在圆心处钻孔,塞上木材块,用螺钉将挂衣钩拧在圆心处。

1 小时

你需要准备
- 盘子、铅笔和模板卡纸
- 工艺刀
- 遮护胶带
- 乳胶漆
- 普通刷子
- 电钻和木塞块
- 螺钉旋具和螺钉
- 铬合金挂衣钩

妙点子长廊

果汁冰糕味道

通过储存方面的妙点子，为你的卧室带入一丝春天的味道。卧室家具和小装饰品都可以选用多种多样的果汁冰糕颜色。

▲ 将嫩绿色的方格纹床上用品和纯白色的床上用品混合使用，创造出两套被褥却有一个整体的新面貌。

▼ 用五颜六色的黏性塑料布把旧抽屉包装起来，放在床下用作储物箱。

▲ 剪好墙纸用于镶板门。先用墙纸糊贴好，再刷一层清漆就完成了。

▲ 躺在床上阅读非常容易把书本和纸张变得凌乱不堪。将书本和纸张都装入一个小巧可爱的盒子里保存，盒子上有条纹图案，用丝带封口。

▲ 把一个旧的梳妆凳，重新装饰一下，可以用织物来配合你的房间。只需简单地拉伸织物包住凳子，并且用射钉枪钉上就可以了。

▲ 把家庭成员的照片都装在相框里展示出来，放在你的卧室里。这样早上醒来后看到这些照片，你会由衷地微笑起来。

▲ 用明亮新鲜的颜色重新粉刷一下旧的松木书架。采用光泽涂料，这样表面易于清洁。

妙点子长廊

红、白、蓝

重新装饰你的卧室,用打动人心的粗斜纹棉布、红色和白色来获得一个明亮的、清新的风格,这就是你的色彩设计。

▲ 把装饰性的垫子、枕头都堆放在床上和椅子上,获得一个舒适的有魅力的效果。

▼ 给便宜的衣柜一个充满个性的外观。将镶板门刷成深浅不同的蓝色条纹图案。

▲ 制造一个纯白色的、罗曼蒂克的床——形成视觉焦点,将枕头、棉被选用白色层层叠叠的效果,创造出层次感。

▲ 给一个纯白色的卧室通过小装饰物来引入一些色彩，比如书中这款华丽的红色天鹅绒相框。

▲ 在一个圆桌表面印上陶瓷锦砖图案，用作床头桌。先给桌面刷上块材胶粘剂，并把小瓷砖块用个性的排列方式压在桌面上，创造出一个向心的图案。

▲ 把一个宽宽的衬垫座椅放在床脚边，用作放衣服或者穿衣服时坐的地方。

▲ 给镜子作一下装饰，首先把镜框刷成白色，然后在边缘处手绘一些简单的花朵图案。

✅ 效果欣赏

阳光与灯光

将毛茛花的黄色、白色，同温暖的木材混合使用，让卧室充满激情。

在光谱中，黄色是最精力充沛的色彩，这间房间的出发点就是将柔和、丰富的色调用于墙面，既温暖又明亮，使之早上能振奋你的精神，晚上在灯光映照下让你充分休息、感觉舒适，而且避免了压倒性的感觉。

为了平衡黄色，木制品、家具和织物上要大量运用清新的白色。图案也混合使用——方格纹棉布用在床上用品上，条纹用在无靠背、扶手的软椅上，方格图案用在窗帘上——确保房间让人感觉舒适而不是正式。用透明的织物做窗帘，保证大部分阳光可以射进房间。

木质地板、灯柱和画框虽然很小，但却是至关重要的因素。樱桃木和橡树木恰恰增加了温暖的感觉。

还可以有哪些改进？

- 绿色和黄色条纹织物用于窗帘
- 海草地板
- 带有小花主题的墙纸
- 胡桃木或樱桃木床架

▲ 将普通的白色床上用品与方格图案的床上用品混合使用，加入一点带有柔和黄色的床罩以及方格纹图案、带丝带的枕头套。

▲ 一块浅色的、编织的小毯子，可以使脚下增添一丝温暖和舒适。

▲ 不要害怕将方格块、方格纹和条纹图案混合使用。有选择地运用有纹理的织物，比如有突起花纹的绳索或小羊毛球装饰的织物。

✅ 效果欣赏

舒适的乡村风格

将温暖的赤褐色同柔和的绿色混合使用，创造出安逸舒适的乡村风格。

这是一间可以让你依偎其间的乡村风格的房间。在色盘上，绿色和红色是相对的颜色，这意味着它们在一起使用时会十分和谐。如果你不想产生过于强烈的对比，那么这间房间就按你的意愿使用柔和的色调。柔和的褐绿色打破了由秋日的赤褐色和温暖光泽的木材质感所形成的平衡。

运用纹理效果，使房间变得富于魅力是十分聪明的。床可以用枕头、毡毯、头巾创造出层次感。柳条筐放在床下，当作乡村风格的储物箱。方格图案的滚轴窗帘，看上去既漂亮又实用，但恰恰是厚重的深褐色格子呢窗帘代替滚轴窗帘所带来的真正温暖的感觉。椰子纤维地毯为房间增添了乡村的肌理，床边上有棱纹的长条地毯，光脚踩上去十分温暖。

还可以有哪些改进？

- 燕麦粉色的羊毛地毯
- 鼠尾草绿色的天鹅绒窗帘
- 深褐色的被褥
- 树叶纹的薄纱窗帘

▲ 将深褐色格子呢窗帘换成明亮一些的夏日绿色的方格纹或条纹，可以完全改变外观，变成温暖的季节。

▲ 选择乡村风格的附属物：如木质相框、米黄色台灯和乡村风格的壶用作花瓶。

▲ 使用叶子主题的墙纸来配合秋日的主题。

✅ 效果欣赏

▲ 通过花瓶、烛台、相框和床头台灯来增添银色格调。

▲ 把旧抽屉换上新的、有波纹的铬合金拉手,让它们变得现代一些。

▲ 寻找一些金属质感的织物,比如充满银色特质和闪闪发亮薄纱特质的真丝面料制品。

现代罗曼蒂克风格

让布满星星的夜空激发灵感,创造出银色和深紫色的色彩世界。

将银色视为你调色板上最新颖的一种色彩,用它来装饰卧室,会产生一种现代的罗曼蒂克风格。运用银色的窍门是仅仅用它的格调,而不是大面积运用这种颜色,所以将银色用于墙面时,只在墙上印上一些小方块或者是寻找闪亮主题的墙纸。在大面积的白色背景中,引入一抹深紫色,用于窗帘、床头板或床罩,这样增加了漂亮的格调。

你可以为窗帘选择特殊的尺寸,这样可以为窗帘缝上银色透明硬纱作衬里。银色的主题需要有很多回应之处,星光灿烂的床上用品、抽屉的把手、台灯以及其他一些附属物品。

为了保证现代感,家具选择简洁的线条和几何形状,比如床,选择现代风格,配上老式风格的床架。

还可以有哪些改进?

- 白色神秘的块状地毯
- 悬钩子粉色代替深紫色
- 透明窗帘
- 浅色榉木地板

索 引

A
artist's canvases
    fabric 17
    modern art 20

B
backgammon board-style walls 36
bamboo towel rails 90
banisters 72, 75
bath racks 95
bathroom cabinets, frosted 87
bathrooms 81–99
bedlinen 116, 118
    daisy-stamped 113
bedrooms 100–25
beds, shaker-style
    headboards 102
blanket boxes 111
blankets, felt motifs 16
blinds
    bamboo and copper 69
    pebble pulls 92
    pretty panel 82
    striped bamboo 93
    tassel trim 21
    tulip transfer 42
    voile squares 19
blues
    bathrooms 96–7
    bedrooms 118–19
    living rooms 30–1
bobble trims 23
borders
    leaf motifs 68
    painted gingham 113
    wallpaper frames 83
bottles, painted 25
boxes
    bedside books 117
    blanket 111
    mosaic-look 106
browns, bathrooms 98–9
butcher's blocks 37
button decorations 20

C
cabinets, bathroom 87
calligraphy frieze 65
candles 27
    bathrooms 92, 94
    pots for 92
canvases, fabric 17
chairs
    revamped kitchen chairs 41
    seat pads 43
chequerboard walls 10–11
china, hand painted 44
coat hooks 69, 115
coffee tables 18
colour
    choosing 4
    colour wheel 4
    definition 4
    putting colours together 4
cork tiles, memo boards 47
country style 48–9
    larder unit 38
cream colours, bathrooms 98–9
crystal-trimmed
    lampshades 110
curtains
    café 49
    hand-painted flower 22
    patchwork 108
    ribbon 110
    stairways 75
    voile window dressings 46
cushions 26
    garden 66
    hand-printed 15
    satin ribbon 22
    satin rope 27
    trim 24

D
dado rails 21
    wallpaper 25
distressed wood panelling 84
doors, panelled 73, 116
dragonfly motifs 66
dramatic look 5
draught excluders 71
drawer liners 112
drills 7

E
emulsion paint 7

F
fabric cube 13
feather-motif vase 18
flip-top boxes 48
floors
    chequered woodstain 17
    decking 95
    jazzy tiles 88
    laminate 73
    painted rugs 85
flower motifs, kitchens 48
flowers
    floating 94
    fresh 27
formal look 5
frames
    gilt 67
    mosaic 26
    photo 119
friezes, calligraphy 65
frosted glass
    bathroom cabinets 87
    doors 72
    jugs 43
    mirrors 67

G
gallery walls 47
gilt frames 67
golds, hallways 76–7
greens
    bathrooms 96–7
    bedrooms 122–3
    hallways 66–7, 72–3, 78–9
    kitchens 52–3
    living rooms 28–9

H
hallways 58–79
hand-printing 15
headboards
    shaker-style 102
    wallpaper 114
hooks
    coat 69, 115
    colour matched 70

J
jugs, frosted glass 43

K
keepsake boxes 106
kitchen units, Shaker 39
kitchens 34–57

L
lampshades
    autumn leaves 16
    bobble trim 23
    crystal-trimmed 110
larder units, country style 38
leaf motifs
    borders 68
    hand-painted 64
lights, coloured string of 23
lilacs, bedrooms 124–5
linen boxes 103
living rooms 9–33

M
MDF 7
memo boards 47
mirror tiles 73
mirrors
    frosted motifs 66
    mosaic-stamped 89
    painted frames 115, 119
    Shaker shelf with 63
modern art 20
mosaic stamps 89
    mirrors 89
mosaics

picture frames 26
tables 88, 119

N
neutral colours, hallways 68–9, 78–9

O
oil-based paints 7
orange colours
   bathrooms 94–5
   hallways 76–7
   kitchens 50–1

P
paints 7
panel saw 7
panels
   chunky 60
   coat-hook 69
   distressed wood 84
   starfish bath 86
   wallpaper 114
pastel colours 24–5
patchwork curtain panel 108
peg rails 74
pelmets 112
photographs 26, 117, 119
pictures
   fabric 17, 75, 109
   frames 20
   glass mosaic 26
   modern art 20
   pebble 93
   placemats 73
   wallpaper offcuts 25
place markers 49
place settings 49
placemats 73
plum colours, living rooms 32–3
primer 7

R
radiator shelves 70
rails, peg 74
raspberry colours
   colourwash 12

living rooms 32–3
reds
   bedrooms 118–19, 122–3
   kitchens 52–3
   living rooms 30–1
relaxed look 5
ribbons
   curtains 110
   cushions 22
   screens 45
rugs
   painted 85
   ties 25

S
saws 7
screens, rainbow ribbon 45
screws 7
seat pads 43
Shaker-style
   headboards 102
   kitchen units 39
   shelf with mirror 63
shelves
   bathrooms 95
   bedrooms 105, 117
   radiator 70
   Shaker 63
shower curtains, pockets 91
side tables
   fabric cubes 13
   revamped 11
silver, bedrooms 124–5
sofas, cushions 26
splashbacks 90
sponged check walls 104
stairs
   banisters 72, 75
   glass treads 74
   painted risers 71
   runners 74
starfish bath panels 86
stencilling, reverse 107
storage 27
   bathrooms 91, 95
   bedrooms 103, 116, 117
   kitchens 38, 39
stripes 44–5

T
table runners 49
   stencilled 46
tables
   coffee 18
   fabric cubes 13
   mosaic 88, 119
   side 11
   telephone 61
   tiled tops 108
tassel trims 21
tea towels, café curtains 49
telephone tables 61
tenon saws 7
tin cans, vases 45
tools 7
towel rails, bamboo 90
towels 94
trellis telephone tables 61

U
umbrella stands 62
utensil rails 44

V
varnish 7
vases
   feather motif 18
   test-tube 72
   tin can 45
voile squares blind 19

W
wallpaper
   doors panels 73, 116
   furniture panels 109
   two-tone 67
   panels 24, 83
   headboards 114
walls
   backgammon board style 36
   calligraphy frieze 65
   chequerboard 10–11
   chunky panels 60
   dado rails 21
   dragging effect 14
   gallery 47
   hand-painted leaf motifs 64

painted bands of colour 40
painted gingham borders 113
panels 75
raspberry colourwash 12
silver lozenge stencilled 111
sponged check 104
spots of colour 42
textured check 68
wallpaper panels 24, 83
wardrobes 118
whites
   bedrooms 118–19, 120–1
   hallways 72–3
   kitchens 54–5
   living rooms 30–1
wood panels, distressed 84
work space 19

Y
yellows
   bedrooms 120–1
   hallways 66–7
   kitchens 50–1, 52–3, 56–7
   living rooms 28–9

《您的家——巧装巧饰设计丛书》包括：

● 《厨房设计的100个亮点》
　[英] 休·罗斯 著　郭志锋 译

● 《色彩设计的100个亮点》
　[英] 休·罗斯 著　侯兆铭 译

● 《浴室设计的100个亮点》
　[英] 塔姆辛·韦斯顿 著　芦笑梅 译

● 《布艺陈设设计的100个亮点》
　[英] 塔姆辛·韦斯顿 著　吴纯 译